现代无人直升机技术基础丛书

无人直升机空气动力学与飞行原理

主　编　王春龙　蔡向阳　唐　迪
副主编　时荔惠　高安同　郑　坤　陈德华
编者（按姓氏笔画顺序排名）：
王春龙　刘大伟　刘　杨　杨　茵　时荔蕙　陈德华
郑　坤　高安同　唐　迪　龚云丽　谢　迎　蔡向阳

西北工业大学出版社

西　安

【内容简介】 本书由点至面地介绍了无人直升机飞行原理,结合前人的研究成果展开了详细的理论推导。本书共 9 章,内容包括空气动力学基本知识,旋翼无人机飞行基本原理,垂直飞行状态下的无人直升机旋翼动量理论和尾迹分析,垂直飞行状态下的无人直升机旋翼叶素理论,前飞状态下的旋翼工作机理,前飞状态下的旋翼空气动力学,无人直升机气动设计,无人直升机飞行性能,无人直升机平衡性、稳定性和操纵性等。本书充分参考了本领域的大量研究成果,在原理推导过程中详略得当,增强了本书的可读性。

本书既可用作高等院校相关专业的教材,也可用作无人机爱好者了解无人机的参考资料。

图书在版编目(CIP)数据

无人直升机空气动力学与飞行原理 / 王春龙,蔡向阳,唐迪主编. — 西安 : 西北工业大学出版社,2023.8
ISBN 978 - 7 - 5612 - 8933 - 4

Ⅰ. ①无… Ⅱ. ①王… ②蔡… ③唐… Ⅲ. ①无人驾驶飞机-直升机-空气动力学 ②无人驾驶飞机-直升机-飞行原理 Ⅳ. ①V275

中国国家版本馆 CIP 数据核字(2023)第 152874 号

WUREN ZHISHENGJI KONGQI DONGLIXUE YU FEIXING YUANLI
无人直升机空气动力学与飞行原理
王春龙　蔡向阳　唐迪　主编

责任编辑:曹　江	策划编辑:杨　军	
责任校对:王玉玲	装帧设计:李　飞	

出版发行:西北工业大学出版社
通信地址:西安市友谊西路 127 号　　邮编:710072
电　　话:(029)88491757,88493844
网　　址:www.nwpup.com
印　刷　者:西安五星印刷有限公司
开　　本:787 mm×1 092 mm　　1/16
印　　张:10.875
字　　数:271 千字
版　　次:2023 年 8 月第 1 版　　2023 年 8 月第 1 次印刷
书　　号:ISBN 978 - 7 - 5612 - 8933 - 4
定　　价:68.00 元

如有印装问题请与出版社联系调换

本书旨在使高等院校相关专业高年级本科生或研究生通过学习，掌握无人直升机旋翼空气动力学的研究方法和结构设计的理论基础，也可供从事无人直升机空气动力学研究的专业技术人员阅读。全书共分 9 章：

第 1 章主要讨论无人直升机空气动力学的基本概念和空气流场的基本原理，从无人直升机的特点和空气动力学的普遍原理出发，介绍无人直升机空气动力学的基本理念。

第 2～4 章介绍经典转子空气动力学的基本理论，包括动量理论、叶素理论。在介绍包括垂直爬升、悬停、下降、水平飞行、爬升和滑翔方程在内的旋翼动量理论后，给出诱导速度的一般规律。第 4 章的叶素理论给出叶片翼型的气动特性，推导旋翼牵引力和功率，从工程意义上给出旋翼完善因子和前飞旋翼功率的一般表达式。

第 5 章主要介绍前飞状态下的旋翼工作机理。

第 6 章论述旋翼自由尾流分析技术的应用问题，从涡动力学基础出发，建立旋翼自由涡系模型并介绍旋翼尾迹和无人直升机其他部件气动干扰的计算方法。

第 7 章介绍基于气动分析的无人直升机气动设计理念。

第 8 章从无人直升机飞行、爬升、起飞降落出发，介绍旋翼无人直升机的性能，讨论无人直升机的飞行干扰。

第 9 章介绍旋翼无人直升机的平衡性、稳定性和操纵性的设计。

本书全文架构、内容设计、仿真分析、图片制作以及文本校核，都是在相关领域专业人士的指导和建议下完成的。

本书由王春龙、蔡向阳、唐迪担任主编。具体编写分工如下：第 1 章由王春龙、蔡向阳编写，第 2 章由唐迪编写，第 3～4 章由时荔蕙、郑坤编写，第 5 章由高安同编写，第 6 章由陈德华编写，第 7 章由刘大伟编写，第 8 章由刘杨、龚云丽编写，第 9 章由杨茵、谢迎编写。王春龙和唐迪对本书进行了统稿及校核。课题组成员的辛勤付出促成了本书的撰写，在此对他们表示感谢。

在编写本书的过程中，参考了相关文献资料，在此向其作者表示感谢。

由于水平有限，不足之处在所难免，敬请读者批评指正。

前 言

编 者

2023 年 3 月

目录

第1章 空气动力学基本知识

1.1 无人机空气动力学的基本概念

无人机空气动力学属于飞行器空气动力学范畴。在各类飞行器、各类流体运动形态,以及各种流体介质中,空气动力学或流体力学的普遍方程(连续方程、动量方程和能量方程)的基本解法是相通的。

1.1.1 空气动力学的定义和研究方法

1.空气动力学的定义

空气动力学源于流体动力学,是物理学的一个重要分支。流体力学主要研究流体本身的静止、运动状态以及流体与固体边界壁发生相对运动时的相互作用和流动规律。流体动力学研究的是运动定律和流体运动时的力定律。

空气动力学主要研究物体和空气之间有相对运动时,即物体在空气中运动时,空气的运动规律及作用力所服从的规律,具体包括气体在做相对运动情况下的受力特性、气体流动规律和伴随发生的物理化学变化。传统意义上的空气动力学是指飞行器的空气动力学。

2.空气动力学的研究方法

空气动力学是航空技术研究的重要组成部分,是飞机气动布局设计的理论基础。其研究方法类似于物理学各个领域的研究方法,包括实验研究、理论分析和数值计算三种方法。这些方法是互补的,而不是相互排斥的。另外,通过适当的气动知识,可以找到飞机的最优气动布局,确定作用在飞机整个飞行范围内的力和力矩,从而获得飞机的最终性能与确保飞行安全。

(1)实验研究方法。实验研究的开展主要依托风洞、水洞、激波管、模型试验或飞行试验的试验台。它的优点是,根据相似性理论,它可以在与研究问题完全相同或几乎相同的条件下进行模拟和观察,从而得到更真实和可信的结果。然而,实验研究方法往往受到模型大小限制和实验条件影响等限制。此外,实验测量的手段也会影响所得结果的准确性。实验通常是劳动和物力密集型的。

(2)理论分析方法。理论分析方法一般包括以下步骤:

1)通过实验或观察,对一个问题进行分析研究,找出其主要因素,忽略次要因素,抽象出一个近似合理的理论模型。

2)应用基本定律、原理和数学分析方法,建立描述问题和相应边界、起始条件的数学公式。

3)利用各种数学方法准确地或近似地解出方程。

4)分析和判断获得的结果,并将它们与所需的实验进行比较,以确定它们的准确性和覆盖率。

5)对公式或结果进行必要的修正,以兼顾未考虑的因素。

理论分析方法的特点是可以通过数学方法,获得理论结果并揭示问题的内在规律。但由于数学发展水平有限和理论模型抽象的简化,很难得到令工程满意的结果。

(3)数值计算方法。自 1970 年代以来,随着大型、高速电子计算机的不断更新和发展以及一系列有效的逼近方法(例如有限差分法、有限元法和有限基本解法等)的发展,数值计算方法在气动研究中的作用和地位不断提高。与实验研究方法相比,其研究成本更低,一些无法测试且难以从理论上分析的问题,可以通过数值计算方法解决。当然,数值计算方法也有其不足,需要不断发展与完善。

综上所述,实验研究、理论分析和数值计算三种方法各有优缺点,应该扬长避短,相得益彰,以进一步推动空气动力学的发展。

1.1.2 无人机空气动力学的定义、内容和工具

1. 无人机空气动力学的定义

无人机空气动力学是研究无人机与周围空气有相对运动时所产生的空气动力的一门学科,它将空气动力学的普遍原理应用到无人机这一特定研究对象上。无人机包括固定翼无人机和旋翼无人机两大类型。因此无人机空气动力学的研究对象也就有针对性地分为两部分:固定翼无人机空气动力学和旋翼无人机空气动力学。

2. 无人机空气动力学研究的内容

无人机空气动力学研究的内容主要有以下方面。

(1)基本理论方面:研究无人机飞行过程中与周围空气相互作用时的受力特性、流动规律和物理化学变化等,分析空气流动时无人机的受力情况,以便对无人机的几何外形进行修正,改善无人机的气动特性,提高无人机的飞行性能,增进飞行品质。

(2)性能计算方面:基于理论和实验,分析关键结构参数对无人机飞行性能的影响,建立无人机气动计算方法,并将其应用于无人机设计[1]。

(3)飞行力学方面:无人机飞行力学主要是研究无人机在空中飞行时所受到的力和运动轨迹,其主要研究方法包括飞行动力学正解技术以及飞行动力学逆解技术(即由给定的飞行轨迹求解所需的操纵规律等)。

(4)飞行品质方面:研究整架无人机平衡问题及其对控制系统与功率变化的反应,分析无人机在各种飞行状态下的稳定性及操纵性,包括对大气紊流的反应及如何控制的问题等[2]。

1.2　大气飞行环境的基本知识

大气飞行环境主要指飞行器在大气层内飞行时所处的环境条件。大气环境对无人机的空气动力性能、发动机的工作状态、操纵人员都有非常重要的影响。只有了解和掌握了大气的特性和变化规律,并设法克服或减少飞行环境对无人机的影响,才能保证无人机安全、可靠地飞行。

1.2.1　大气飞行环境的定义和组成

1.大气飞行环境的定义

大气层又叫大气圈,是指环绕在地球周围的空气层。地球被这层厚厚的大气层所包围。飞机在大气中飞行的环境条件称为大气飞行环境。大气层是飞机唯一的飞行环境,也是导弹和航天器的重要飞行环境。

在地球引力的作用下,大量气体聚集在地球周围,形成数千千米外大气层。随着离地高度的增加,气体的密度越来越小。探空火箭在 3 000 km 的高度发现稀薄的大气层,一些人认为大气层的上限延伸到地球表面上方约 6 400 km。

2.大气的组成

包围在地球周围的一层气体称为大气。大气是混合气体,其组成成分是地球长期演化的结果,科学家估计,大气层的质量约为 6 000 万亿 t,约占地球总质量的 1/1 000 000。

(1)干空气的组成包括 78% 的氮气、21% 的氧气,以及少量的其他气体,例如氩气、二氧化碳和臭氧等。

(2)低层大气的水汽仅占大气总量的 0.4%,是大气含量变化最大的气体。大气中的水汽主要由地表海洋、河流、湖泊等水体的地表蒸发和植物的蒸腾作用产生,通过大气的垂直运动输送到高层大气。

(3)空气主要传播来自有机物燃烧产生的烟雾颗粒、风中的尘埃、火山尘、太空尘埃、海浪中的盐粒、植物花粉、细菌微生物、工业排放物等固体和液体颗粒。在大气层的底部,大气中的杂质对太阳和地面辐射有一定的吸收和散射作用,影响大气温度的变化。杂质大多是吸湿性的,往往会凝结成水蒸气的核心[3]。

1.2.2　大气的分层

大气中的空气密度随着高度的增加而降低,在较高的高度变得稀薄,但没有明确的界限。如图 1-1 所示,大气作为一个整体,随着高度的不同而呈现出不同的特征,分为对流层、平流层、中间层、电离层(暖层)和散逸层,其上方即是星际空间,其中飞机飞行的大气环境是对流层和平流层。

1.对流层

对流层是离地球表面最近的大气层,这层空气的运动受上升气流和下降气流的支配,因此得名"对流层"。对流层最显着的特征是强烈的对流运动和最复杂的气候变化水平。地球上的水受太阳照射而蒸发,水蒸气几乎都存在于对流层,刮风、下雨、降雪等天气现象也都发生在对流层内。恶劣的天气条件会危及飞行安全,因此对流层是对飞行影响最严重的大气层。

对流层是大气中密度最大的层。地球的引力将对流层集中到大气总质量的 3/4[4],但其厚度在全球范围内各不相同,下限接触地面,上限随地理纬度和季节的变化而变化。对流层平均海拔在低纬度(如赤道)为 17~18 km,中纬度为 10~12 km,南北极为 8~9 km,夏季高于冬季。

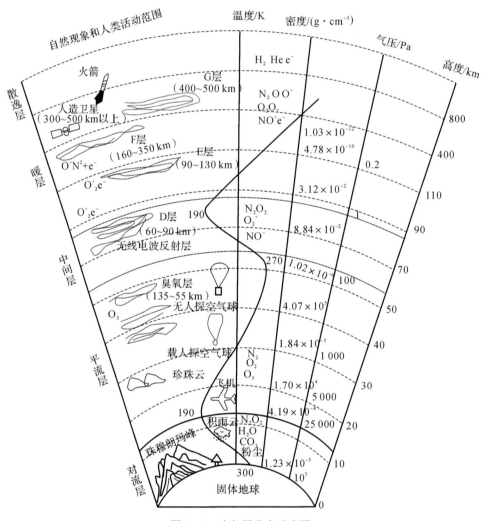

图 1-1　大气层分布示意图

2.平流层

气流在平流层中主要做水平移动,减弱了对流现象。平流层基本没有水汽,所以天气晴朗无云,天气变化不大,而且在平流层中,空气没有垂直方向的运动,只有水平方向的风,气流平稳,空气阻力小,是航空器比较理想的飞行空间,目前大型客机大多飞行于此层。

平流层空气稀薄,所包含的大气质量占整个大气质量的 1/4 左右。在平流层 20~30 km

的高度,氧分子在紫外线的作用下形成臭氧层,就像一道屏障,保护地球上的生命免受太阳高能粒子的攻击。平流层随着高度的增加,气温最初基本保持不变(约 $-56.5℃$),这是因为其受地面温度影响较小。到 20 km 以上,气温升高较快,到了平流层顶气温升至 $0\sim20℃$,其原因是该层存在大量臭氧,能直接吸收太阳辐射的热。

3. 中间层

中间层位于平流层之上,距地球表面 $50\sim85$ km。这一层空气更为稀薄,质量仅占整个大气质量的 1/3 000。该层的一个显着特征是它随着高度的增加而迅速冷却,该层顶部的温度可以低至 $160\sim190$ K,大约是整个大气中的最低温度。这种垂直分布温度有利于气流的垂直运动,因而空气的垂直对流强烈[5]。

4. 电离层

中间层之上是电离层,该层顶端距离地平面大约 800 km。这层的大气已极稀薄,其温度因大气大量吸收太阳紫外辐射线而升高,层内温度很高,所以也称"暖层"。该层的另一个重要特点是空气处于部分电离或完全电离的状态,存在相当多的自由电子和离子,能反射无线电短波,从而使地面实现短波无线电通信,电离层的变化会影响飞行器的无线电通信。许多有趣的天文现象发生在电离层,例如极光和流星。

5. 散逸层

散逸层在电离层之上,是距离地平面 800 km 以上的大气层,是地球大气的最外层,由带电离子组成。同时,这层空气非常稀薄,远离地面,不受地球引力的影响,因此大气分子不断逃逸到星际空间。大气外层的上界为 $2\,000\sim3\,000$ km,航天器脱离这一层后便进入了太空。

1.3　大气的基本物理性质

当物体在大气中做相对运动时,它们会受到空气的力和力矩的影响。这些力和力矩的分布不仅取决于物体的形状(包括运动时的姿态)和速度,还有气体特性,如密度、黏度、弹性、传热和流动性。

1.3.1　连续介质假设和空气特性

1. 连续介质假设

气体与固体不同,气体没有确定的几何形状。把气体盛入某容器内,它的形状就取决于该容器的几何形状,气体总是能够充满容纳它的整个容器。在空气动力学中,认为物体在大气中运动时,空气受到物体的扰动,必然是大量气体分子一起运动的。因此,一般不需要详细地研究气体分子的个别运动,而是研究气体的宏观运动。气体可以看作是一种没有间隙的连续介质,充满了它所占据的空间。这就是连续介质假设。

连续介质假设在空气动力学中很重要。根据连续介质假设,气体介质的所有物理性质,如密度、速度和压力,都可以看作是空间的连续函数。因此,在解决空气动力学实际问题时,就可以应用数学分析这一有力工具来处理[6]。

2. 空气密度

空气密度是指单位体积内的空气质量。在连续介质假设的前提下,对气体微团乃至气体内部某一几何点处的密度给出如下定义:质量为 m 的空气,若其体积为 V,则密度 ρ 为空气密度,ρ 的国际单位为千克每立方米(kg/m³),可以得到:

$$\rho = \frac{m}{V} \tag{1-1}$$

空气是由分子组成的:空气密度大,说明单位体积的空气分子很多;反之,空气密度小,则空气比较稀薄。大气层的空气密度随高度的增加而减小,高度越高空气越稀薄。在 10 km 高度下,空气密度只相当于海平面空气密度的 1/3。空气密度随高度的这种变化,不仅对作用在无人机上的空气动力有影响,还对发动机产生的推力有很大影响。随着空气密度的减小,发动机功率会相应减小并产生其他方面的变化。

3. 空气温度

空气温度是指空气的冷热程度,主要有三种标定方法:摄氏温度、华氏温度和绝对温度。大多数国家使用摄氏温度,单位是摄氏度(℃)。某些国家/地区(如美国)使用华氏温度,单位为华氏度(℉)。两种单位的换算公式为

$$T_{\mathrm{C}} = (T_{\mathrm{F}} - 32) \times \frac{5}{9} \tag{1-2}$$

式中:T_{C} 为摄氏温度(℃);T_{F} 为华氏温度(℉)。

理论计算中常用热力学温度来表示,单位是开尔文(K)。热力学温度和摄氏温度之间的换算公式为

$$T_{\mathrm{K}} = T_{\mathrm{C}} + 273.15 \tag{1-3}$$

式中:T_{K} 为热力学温度(K)。

在 11 km 高度以下的大气层内,随着高度增加,大气温度下降,近似按线性变化。

4. 空气压力

大气压力是指空气的压力,或物体单位面积上空气的法向力。压力单位为帕斯卡(简称"帕",字母为"Pa"),表示 1 N 力作用在 1 m² 上,1 Pa=1 N/m² 或者单位为"kgf/cm²",表示 1 kg 的压力作用在 1 cm² 上,其中 1 kgf≈9.8 N。

地球大气的密度具有从地面向天空递减的特点,即每单位体积的空气质量随着高度的增加而减小。大气压也有同样的变化,随着海拔的升高,气压降低。大气压力随着高度的增加基本呈线性下降,航空器一直通过该规律来确定飞行的高度。固定翼无人机如果飞行高度太高,空气密度和空气压力很小,发动机的效率就会很低,因此固定翼无人机的飞行高度是有限制的,即所谓"升限"。

5. 大气温度、密度和压力随高度的变化

(1)在海平面上的标准值。

大气温度、密度和压力在海平面上的标准值为:$T_0 = 288.2$ K$= 15$ ℃;$\rho_0 = 1.225$ kg/m³;$p_0 = 101\,325$ N/m²$= 760$ mmHg$= 1.034$ kgf/cm²。其中下标"0"代表海平面(即高度为零)的参数值。气体压力单位也有用毫米汞柱(mmHg)表示的。在海平面上的空气压力

称为1个大气压,在工程计算中有时会简单地把1 kgf/cm^{2}算作1个大气压。

(2)大气温度随高度的变化规律。

1)在对流层中(高度H在11 000m以下),空气温度递减。空气温度随高度分布的规律是高度每上升1 000 m,温度下降6.5℃。

2)在平流层中(高度H在11 000~20 000 m之间),温度保持为常数,$T=216.7$ K$=-56.5$℃。

3)高度为20 000~32 000 m时,高度H每上升1 000 m,温度上升1℃。

(3)大气密度随高度变化的规律。

1)由大气温度和大气压力计算大气密度。大气密度ρ(kg/m^3)可由当时大气温度T(℃)和大气压力p(mmHg)通过下式求出:

$$\rho=\frac{0.465p}{273.15+T} \tag{1-4}$$

2)粗略估算标准大气中空气的相对密度。

当高度$H\leqslant 13$ km时,空气的相对密度($\Delta=\rho_H/\rho_0$)由下式计算:

$$\Delta=(20-H)/(20+H) \tag{1-5}$$

当高度13 km$<H\leqslant 18$ km时,空气的相对密度($\Delta=\rho_H/\rho_0$)由下式计算:

$$\Delta=0.315\times(20-H)/(20+H) \tag{1-6}$$

(4)大气压力随高度变化的规律。

1)当高度$H\leqslant 11$ km时,空气的相对压力p_H/p_0由下式计算:

$$p_H/p_0=(1-0.022\,57H)^{5.256} \tag{1-7}$$

2)当高度$H>11$ km时,空气的相对压力p_H/p_0由下式计算:

$$p_H/p_0=0.752\Delta \tag{1-8}$$

1.3.2 空气的压缩性、黏性和国际标准大气

1. 空气的压缩性

空气的压缩性是指,一定质量的空气,当其所受到的压力或温度改变时,其密度或体积也要发生相应变化的物理性质。不同状态的物质,其压缩性也不同:液体对这种变化的反应很小,因此一般认为液体是不可压缩的;而气体对这种变化的反应很大,因此一般认为气体是可压缩的物质。

根据工程实践,当风速不大时,即固定翼无人机低速飞行时,气压变化一般较小,空气密度变化较小,对慢速飞行影响不大。因此,在研究低速气流流动的规律时,可以忽略气流密度的变化而不考虑空气的压缩性,认为密度是一个不变的数值,把气流当成不可压缩的气流,这样研究低速气流问题时比较方便,而且不会影响空气动力计算结果的工程精度。但是,当气流速度较高时,即对应于固定翼无人机高速飞行时,速度变化所引起的压力变化较大,由此而产生的气流密度的改变就不可忽略,这时就必须考虑空气的压缩性。

2. 空气的黏性

空气的黏性是空气在流动过程中表现出的一种物理性质。空气的黏性力是相邻空气分

子之间相互运动时产生的牵扯作用力,也叫作空气的内摩擦力。空气具有黏性的主要原因是空气分子的不规则运动,表现为气体的内摩擦。由于黏性的耗能作用,在无外界能量补充的情况下,运动的空气将逐渐停止下来。实验研究表明,空气黏性的程度取决于以下四个方面:

(1)速度梯度。速度梯度越大,相邻两层空气做不规则运动所引起的动量变化越大,两层之间空气的牵扯力越大,黏性力就越大。

(2)空气温度。空气温度越高,空气分子不规则运动速度越大,空气层之间交换的分子数越多,黏性越大。

(3)气体性质。气体性质不同,黏性力就不同。空气的黏性比氧气的黏性大,因为空气的平均运动速度比氧气分子的平均运动速度大。

(4)接触面积。空气层之间接触面积越大,相互交换的空气分子就越多,黏性力越大。

一般情况下,空气对物体的黏性作用力可以不予考虑。通常把不考虑黏性的流体称为理想流体。但对于像无人机那样在空气中快速运动的物体,空气在无人机外表面的摩擦阻力已不是一个小数量值,因此必须考虑空气的黏性。

3.国际标准大气

无人机飞行性能与大气条件(温度、压力、密度等)密切相关,大气条件随纬度、季节、时间、海拔高度而变化。如果在不同地点测试同一架无人机,那么同一架无人机的飞行性能会有所不同;如果在同一高度、同一地点测试同一架无人机,只要季节和时间不一样,测得的飞行性能也会不一样。因此,需要建立协调标准,以确保飞机设计、测试和分析中使用的大气物理参数在不同地点之间保持一致。为此,国际民航组织制定了国际标准大气。

国际标准大气(International Standard Atmosphere,ISA)是对大气温度、密度、压力等与高度之间关系的人为描述,国际标准大气见表 1-1。

表 1-1 国际标准大气

H/km	T/K	$p/(10^{-4}\,\mathrm{Pa})$	$\rho/(\mathrm{kg \cdot m^{-3}})$	$a/(\mathrm{m \cdot s^{-1}})$
0	288.15	10.132 52	1.225 05	340.29
1	281.65	8.987 58	1.111 68	336.43
2	275.15	7.949 56	1.006 46	332.53
3	268.65	7.010 87	0.909 13	328.58
4	262.15	6.164 07	0.810 13	324.58
5	255.65	5.401 99	0.736 12	320.53
6	249.15	4.718 08	0.659 69	316.43
7	242.65	4.106 04	0.589 50	312.27
8	236.15	3.560 01	0.525 17	308.06
9	229.65	3.074 29	0.466 35	303.79
10	223.15	2.643 58	0.412 70	299.46
11	216.65	2.263 18	0.363 91	295.07

续表

H/km	T/K	$p/(10^{-4}\,\mathrm{Pa})$	$\rho/(\mathrm{kg \cdot m^{-3}})$	$a/(\mathrm{m \cdot s^{-1}})$
12	216.65	1.933 09	0.310 83	295.07
13	216.65	1.651 05	0.265 49	295.07
14	216.65	1.410 20	0.226 75	295.07
15	216.65	1.204 45	0.193 67	295.07
16	216.65	1.028 72	0.165 42	295.07
17	216.65	0.878 67	0.141 28	295.07
18	216.65	0.750 48	0.120 68	295.07
19	216.65	0.641 00	0.103 07	295.07
20	216.65	0.547 49	0.088 03	295.07
21	217.65	0.467 79	0.074 87	295.75
22	218.65	0.399 97	0.063 73	296.43
23	219.65	0.342 24	0.054 28	297.11
24	220.65	0.293 05	0.046 27	297.78
25	221.65	0.251 10	0.039 46	298.46
26	222.65	0.213 31	0.033 69	299.13
27	223.65	0.184 74	0.028 78	299.80
28	224.65	0.158 63	0.024 69	300.47
29	225.65	0.136 29	0.021 04	301.14
30	226.65	0.117 19	0.018 01	301.80
31	227.65	0.100 82	0.015 48	302.47
32	228.65	0.086 80	0.013 23	303.13

注:a—声速。

1.4 空气流场的基本概念

当空气流过无人机时,其速度、压力和密度等的变化规律与作用在无人机上的空气动力有着密切的关系,在研究无人机飞行原理之前,必须先研究空气流动的特性,即空气流动的基本规律。

1.4.1 空气流动的基本规律

1.空气的相对运动原理

地球表面充满着空气,只要空气与物体之间存在相对运动,空气就会对物体施加空气动力。例如,大风吹过房屋时可以把屋顶掀翻,大风可以将大树连根拔起等,这些都是空气流过物体时对物体产生了作用力的结果。同理,无人机上产生的空气动力就是空气和无人机之间存在着相对运动的结果。已经证明,如果空气与物体的相对速度相同,那么气动力也相同,这个原理称为相对运动原理。

空气相对于物体的流动称为相对气流,相对气流的方向与物体运动方向相反。日常生活中,风一吹,空气就流过身边,感觉特别凉快。没有风的时候,在路上骑自行车,也能感觉到空气流过身边,根据日常生活的经验,可以得出这是相对气流的结果。

2. 运动的转换原理

当无人机在原来静止的空气中等速直线飞行时,将引起物体周围空气的运动,同时空气将给无人机以作用力。研究这种空气运动的规律和作用力是空气动力学所面临的任务之一。这里有两种坐标系可以使用:一种是静止坐标系,坐标系固连于地球上,直接将牛顿定律用于空气对物体的相互作用;另一种是动坐标系,坐标系固连于等速飞行的无人机上,即在无人机上看空气的运动及其对物体的作用力。用这两种坐标系求得物体所受的力是完全相同的。这就是运动的转换原理,它是根据伽利略的相对运动原理建立的。

根据相对运动原理和运动变换原理,如果在运动体系统中加入任何匀速直线运动,那么增加的匀速直线运动不会破坏原运动体的物体之间的关系和原来运动的各物体之间的相对运动,也不改变各物体所受的力。无人机的相对气流就是空气相对于无人机的运动,相对气流方向就是无人机飞行速度的反方向。影响空气动力学的一个关键因素是无人机与空气之间的相对速度。只要相对风速相同,无人机产生的气动力就是相同的,即:如果无人机在静止的空气中以速度 v 飞行,那么相同的空气动力将施加在无人机上,就好像空气以相同的速度 v 流过静止的固定翼无人机一样。

因此,为了使研究问题的方式更加直观和简单,在研究无人机空气动力学和气流变化规律时,可以让无人机保持静止,同时让空气以相同的速度流过。此时,无人机上产生的空气动力效果与无人机以同样的速度在空气中飞行所产生的空气动力效果完全一致。风洞试验基于相对运动原理,通过固定模型并使气流通过模拟无人机在天空中的飞行条件,极大地简化了测试技术。

3. 流场的基本概念

(1)流场的定义。流体流动所占据的空间称为流场。用于表征流体特性(如速度、温度、压力和密度)的物理量称为流体动力学参数。因此,流场是分布着上述运动参数的物理场。实际上大气层就是一个很大的空气流场。

(2)定常流动与非定常流动。根据动力学参数随时间的变化,流动可分为稳态流动和非稳态流动。流场中任意固定点的任意流动参数(速度、压力、密度等)随时间变化的流动称为非定常流动。流场中任意固定点的所有流量参数不随时间变化的流动称为稳态流动。有些非定常流动可以通过适当选择参考坐标系而变为定常流动,因而不能看成是真正的非定常流动。以无人机在静止空气中等速平飞的情况为例:在固连于地面的参考坐标系中,空气的流动是非定常流动;在固连于无人机的参考坐标系中,空气的流动是定常流动。

严格来说,静止运动是不存在的。以无人机为例,即使飞行速度和高度相同,无人机的质量也会随着燃料的消耗而不断减少,因此攻角也会发生变化。但是,如果无人机运动参数随时间变化得十分缓慢,那么至少在一段时间内可近似认为其运动参数不变,这就是通常所说的"准定常运动"[7]。

（3）迹线。迹线是流体质点的运动轨迹。标记流场中的粒子并用线将它们在不同时间的位置连接起来，就是流体粒子轨迹[8]。迹线是流场中实际存在的线。喷气式飞机的白烟在天空中划出的线是一条痕迹。跟踪是持久的，并且会随着时间的推移而增长。在定常流场中只有一条迹线通过一个固定点，但在非定常流场中可以有多条迹线通过同一点，而流体粒子在不同时间通过该点可能走不同的轨迹。

（4）流线。空气流动一般看不见，为了更形象和直观地描述空气的流动情况，可以在空气流动的流场中，在某一瞬时绘制出许多称为流线的空间曲线，在每一条曲线的各个点上，它的切线方向就是该点处空气微团的流动速度方向，如图 1-2(a)所示。流线不能交叉或弯曲，但它们是平滑的曲线。由于一条流线上的每一点只能向一个方向移动，所以当两条流线相交时，相交处的空气微团有两个方向。在定常流动中，流线的形状不会随时间变化。流线就是空气微团流动的路线，即流线与迹线重合。在非定常流动中，流场的速度随时间变化，因此通过同一点的流线的空间方位和形状随时间变化。

（5）流线谱。由许多流线组成的流程图称为流线谱，如图 1-2(b)所示。流线谱准确地反映了气流的全貌，让我们不仅可以看到流场中每个点的运动方向，还可以比较每个点的气流速度。流线谱的疏密程度反映了该时刻流场中的速度。空气流过不同形状物体的流动情况不同，其流线谱就不同；即使物体的形状相同，只要空气流向物体的相对位置关系不同，流线谱也不同。此外，当空气流过一个物体时，它会在物体后面形成一个恒定的涡流区域（见图 1-3）。不同的流线谱产生不同的气动力，一般分析无人机气动的产生和变化，主要是分析流经无人机的空气的流线谱。

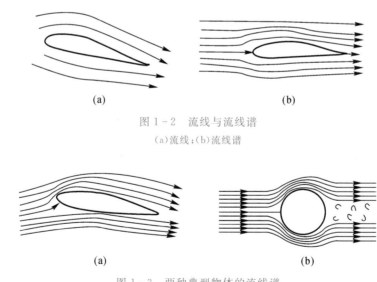

(a)　　　　　　　　　　　　　　(b)

图 1-2　流线与流线谱
(a)流线；(b)流线谱

(a)　　　　　　　　　　　　　　(b)

图 1-3　两种典型物体的流线谱
(a)翼剖面的流线谱；(b)圆柱体的流线谱

（6）流管和流束。在流场中画出一条闭合曲线，在曲线上的每一点画出流线，由许多流线包围的管状表面称为流管，如图 1-4 所示。流管的表面以不能交叉的流线为界，因此流体不能流过,或不能流过管的表面。这样,流管就像一个刚性管壁,限制了流管内部或外部的流体运动,并且在稳定流动期间,流管的行为就像一个真正的管子,充满流管的流体称为流束。

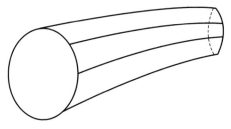

图 1-4　流管示意图

当空气流向物体受到阻挡时,流管就扩张变粗。若流管的截面积为 A,流体的密度为 ρ,横截面上的流速为 v,则每个单位时间内流过 A 的流体体积为 Av,又称流体的体积流量;而每个单位时间内流过 A 的流体质量称为流体的质量流量,用符号 q 表示,有

$$q = \rho A v \tag{1-9}$$

1.4.2　连续性定理与伯努利定理

质量守恒定律和能量守恒定律是自然界的两条基本定律。质量守恒定律指出物质不会凭空消失或增加。能量守恒定律指出能量不会消失,也不会无中生有,只能从一种形式转变为另一种形式,但总能量保持不变。

1.连续性定理

当空气流动时,它必须遵守质量守恒定律,称为空气动力学连续性定理。当流体以低速连续稳定地流过不同厚度的流管时,质量守恒定律防止了流体的任何部分在流管中发生中断或积聚,因此流过流管任意截面的流体质量应该相等,这就是流体连续性定理。流体的连续性定理的实质是质量守恒定律在空气流动过程中的应用[9]。

气流在变截面管道中流动的情况如图 1-5 所示,现假设空气流过一根粗细不均的流管,流过截面 1 和截面 2 的速度、空气密度、截面面积分别如图 1-5 所示。根据连续性定理,单位时间内流过任意截面的空气质量相等,即

$$\rho_1 A_1 v_1 = \rho_2 A_2 v_2 \tag{1-10}$$

式(1-10)为连续性定理的数学表达式,称为可压缩流体沿管道流动的连续性方程。当空气低速流动($Ma < 0.4$)时,可不考虑空气的压缩性,密度 ρ 可近似认为是一个常数,则式(1-10)中的密度可消去,得

$$A_1 v_1 = A_2 v_2 \tag{1-11}$$

式(1-11)说明了气流速度与流管截面积的关系。当流动缓慢而平稳时,空气的流速与流管的截面积成反比,小截面区域流速大,大截面区域流速小。

流体流动的速度可以用流管中流线的密度来表示,如图 1-5 所示。流线密集的地方,说明流管细,流体流动快,反之亦然。需要指出的是,连续性定理只适用于低速范围(流速 $v < 0.3a$,a 为声速)。也就是说,流体的密度不变假设不适用于亚声速。此外,它也不适用于

超声速。但是,连续性方程的推导对流体的性质未加以限制,因此它既可用于理想流动,也可用于黏性流动。

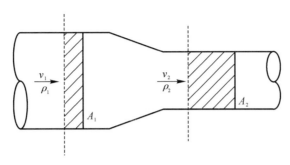

图 1 - 5　气体在变截面管道中的流动

2. 伯努利定理

流体在流动时,不仅流速和管道截面之间互相联系,流速和压力之间也是互相联系的。在日常生活中,我们知道压力会随着流体速度的变化而变化。例如:如果你在两张纸之间吹气,两张纸就会相互靠近而不分开;两艘船会在水中变得平行并越来越近;当台风来袭时,房子上的屋顶也经常被掀掉;等等。

描述流体速度和流动压力之间关系的伯努利定理是流体流动的另一个非常重要的基本定律。伯努利定理是能量守恒定律在流体流动中的一种应用,其数学公式称为伯努利方程。当空气稳定流动时,主要有 4 种能量:动能、热能、重力势能和压力能。对于不可压缩、理想的流体来说,流动时不会产生热量,可不考虑热能的变化,流管高度变化很小,可认为流体的重力势能不变。这样,在流动的空气中,参与转换的能量有两种:动能和压力能。因此,在流体流动时只有压力能和动力能之间的转换。

动能是由于流体有速度而具备的做功能力,流过任意截面积 A 的动能为

$$E_v = \frac{1}{2}mv^2 \tag{1-12}$$

式中:E_v 为流体的动能;v 为速度;m 为流体质量,由于 $m = \rho A v \Delta t$,因此有

$$E_v = \frac{1}{2}\rho A v \Delta t v^2 \tag{1-13}$$

压力能是由于流体有压力而具备的做功能力。流过任意截面积 A 的压力能为

$$E_p = P A v \Delta t \tag{1-14}$$

式中:E_p 为流体的压力能;p 为压力;Δt 为流动时间。

若取单位体积的空气,则

$$\left. \begin{array}{l} E_v = \frac{1}{2}\rho v \\ E_p = p \end{array} \right\} \tag{1-15}$$

由能量守恒定律可得

$$p_0 = \frac{1}{2}\rho v^2 + p \tag{1-16}$$

式中：p_0 为总压（全压）；$\dfrac{1}{2}\rho v^2$ 为动压，即流体流动时在流动方向上所产生的压强，它是单位体积空气所具有的动能；p 为静压，即流体流动时其本身实际具有的压强，它是单位体积的空气所具有的压力能，在静止空气中，静压等于当地大气压。全压是动压和静压之和，也可以看作风速为零时的静压。

式（1-16）是伯努利定理的数学表达式，即伯努利方程。由伯努利方程可以看出：同一流量管各段的流体动静压之和保持恒定，这个恒定值就是总压力。动压越高，静压越低，动压越低，静压越高。这就是伯努利定理，它是研究气流特性和无人机上的空气动力产生和变化的基本定理之一[10]。

需要注意的是，伯努利定理只适用于连续、稳定的流体，流动中的流体与外界没有能量交换。流体没有黏性，流体是不可压缩的，即密度是不变的。

连续性定理和伯努利定理是空气动力学中两个最基本的定理，描述了流管横截面积、空气速度和压力之间的关系。综合这两个定理，可以得出以下结论：当流体在变截面管道中流动时，截面积小导致高流量和低压强，而截面积大导致低流量和高压强。这一结论是解释机翼上空气动力产生的依据。

第2章 旋翼无人机飞行基本原理

2.1 基本原理

与固定翼无人机采用固定机翼产生升力不同,旋翼无人机由旋翼提供飞行所需的升力。旋翼由桨毂和数片桨叶构成,桨毂安装在旋翼轴上,形如细长机翼的桨叶则连在桨毂上。发动机驱动旋翼轴旋转,并由桨毂带动桨叶旋转从而产生向上的升力。由于旋翼无人机与传统有人直升机都是依靠旋翼产生的升力才能升空飞行,因此它们统称为旋翼飞行器。

2.1.1 旋翼无人机旋翼

1.旋翼无人机旋翼的基本结构和功用

(1)旋翼无人机旋翼的基本结构。从总体结构上看,旋翼无人机与有人直升机一样,具有一副(单旋翼)或多副(多旋翼)转轴都近于铅直安装的旋转机翼(旋翼)。旋翼由数片桨叶及一个桨毂组成,桨毂用来连接旋转轴和桨叶。旋翼的桨叶在动力装置的驱动下高速旋转,产生向上的升力。旋翼的桨叶在升力作用下,绕桨毂水平铰向上挥舞,形成一个倒锥体,桨叶与桨毂旋转平面之间的夹角称为锥体角,如图2-1所示。锥体角的大小取决于桨叶升力及离心力的大小:桨叶升力越大,锥体角越大;桨叶转动的速度越大,桨叶产生的离心力越大,锥体角越小。

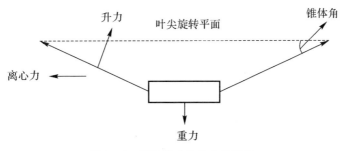

图2-1 旋翼桨叶锥体角示意图

(2)旋翼的作用。旋翼是旋翼无人机的关键部件,它的作用主要有以下几点:

1)产生向上的力(习惯叫拉力)以克服全机重力,即类似于飞机机翼的作用。

2)产生向前的水平分力使直升机前进,相当于推进器的作用。

3)产生其他分力及力矩使直升机保持平衡或进行机动飞行。

2. 旋翼无人机旋翼的主要几何参数

(1)旋翼的直径 D。旋翼旋转时,叶尖所画圆圈的直径叫作旋翼直径 D,如图 2-2 所示。直径是影响旋翼性能的重要参数之一,通常,旋翼直径增大则拉力随之增大,效率提高,故在结构允许的情况下尽量选直径较大的旋翼。此外还要考虑桨尖气流速度,其不应过大,否则可能出现激波,导致效率降低[11]。

(2)旋翼桨叶宽度 b。桨叶剖面的弦长就是该半径处的桨叶宽度,用 b 表示。矩形桨叶 b 沿径向不变;梯形桨叶或其他桨叶 b 则沿径向改变。4 种平面形状的桨叶如图 2-3 所示。

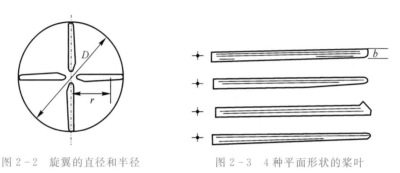

图 2-2　旋翼的直径和半径　　　　　　图 2-3　4 种平面形状的桨叶

(3)旋翼桨叶数目 k。桨叶数目 k 是指一个旋翼具有的桨叶数量。桨叶数目在旋翼设计中也是一个非常重要的指标,直接影响旋翼的气动特性和效率。一般旋翼的拉力系数和功率系数与它的桨叶数目成正比,随着旋翼吸收功率的增大,桨叶的数目也在增加,由双叶桨增加到 4 叶桨、6 叶桨和 8 叶桨等。微型及轻小型旋翼无人机的旋翼大多采用结构简单的双叶桨,只是在旋翼直径受到限制时采用增加桨叶数目的方法使旋翼与发动机获得良好的配合[12]。增大桨叶数目,必须考虑以下两个方面的问题:

1)增加桨叶数目 k 会降低旋翼的效率。这是因为当旋翼旋转时,包围桨叶的扰流数目多的桨叶要比数目小的桨叶大。

2)旋翼的质量要增加。一般每增加一片桨叶,旋翼相对质量增大 23%～25%。

(4)旋翼桨叶翼型。旋翼桨叶的剖面形状称为翼型,它是旋翼能够产生拉力的关键因素。类似于固定翼无人机,桨叶翼型可以有不同的形状和尺寸,但产生升力的原理相同。当旋翼转动时,每片桨叶都会产生升力。所有桨叶产生的升力合成为一个向上的总拉力,该总拉力克服了无人直升机本身的重力,从而能够使无人直升机升空飞行。

(5)旋翼旋转速度。旋翼转速一般以 r/min 为单位,而角速度以 rad/s 为单位。两者的关系为

$$\Omega = \frac{n\pi}{30} \tag{2-1}$$

提高旋翼转速时受叶尖速度限制,以避免叶尖产生过大的空气压缩效应。目前旋翼的叶尖速度为 180～220 m/s,相当于叶尖马赫数为 0.55～0.60。

2.1.2　旋翼无人机飞行原理、特点和旋翼反扭矩

1. 旋翼无人机的飞行原理

旋翼无人机与固定翼直升机在飞行原理、特点和旋翼反扭矩等方面基本相同。

旋翼无人机的旋翼绕旋翼轴旋转时,每片桨叶类同于固定翼飞机的一个机翼。当空气接近桨叶前缘时,气流开始折转:一部分空气向上绕过桨叶前缘流过桨叶上表面;另一部分空气仍然由桨叶下表面通过,如图 2-4 所示。这两部分空气最后在桨叶后缘的后方汇合,恢复到与桨叶前方未受扰动的气流相同的均匀流动状态。在气流被桨叶分割为上、下两部分时,由于桨叶上表面凸起较多而下表面凸起较少,加上桨叶有一定的桨距(迎角),使流过桨叶上表面的流管面积减小,流速增大,桨叶下表面气流受阻而使流管面积增大,流速减小。由伯努利定理可知,桨叶上表面的压力减小,桨叶下表面的压力增大。上、下桨叶表面之间产生压力差,从而产生了桨叶表面的空气动力。根据不同的飞行状态,桨距的变化范围为 $2° \sim 14°$,旋翼的转速或桨距的大小可以通过操纵系统进行操纵和控制,从而改变桨叶升力的大小。沿半径方向每段桨叶上产生的空气动力在桨轴方向上的所有分量的合成力,即为桨叶的总升力,所有桨叶的总升力,构成旋翼总拉力。空气动力在旋转平面上的分量产生的阻力将由发动机所提供的功率来克服。

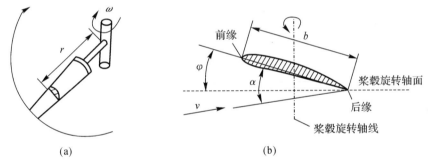

图 2-4　旋翼桨叶工作示意图

2. 旋翼无人机的飞行特点

旋翼无人机与固定翼飞机在结构外形上和飞行原理上的差别,使得旋翼无人机具有大多数固定翼飞机所不具备的飞行特点:垂直升降,空中悬停,小速度前飞、侧飞,原地回转和树梢高度飞行等[13]。这些飞行特点使得旋翼无人机在飞行和使用上要比固定翼飞机灵活得多,弥补了固定翼飞机因飞行速度大而存在的诸多不足,在很多固定翼飞机无法涉及的领域或地区可以"大显身手"。当然,任何事物都不是完美无缺的,旋翼无人机与固定翼飞机相比,具有速度低、耗油量较高、航程较短等缺点。

3. 旋翼反扭矩及其补偿措施

旋翼飞行器的旋翼在空气中旋转,对周围空气产生扭矩,因此空气以大小相等、方向相反的扭矩作用于旋翼,并将该扭矩传递到机体上[14]。若不采取补偿措施,这个反扭矩会使机身发生逆向旋转。为了保持旋翼飞行器机体的航向,消除反扭矩的作用,出现了不同构造

形式的旋翼飞行器。

(1)单旋翼。单旋翼带尾桨旋翼飞行器(见图 2-5),用尾桨推力来平衡主旋翼反扭矩。这种形式是传统直升机中最流行的形式,其结构简单,但要多付出尾桨的功率消耗。

(2)共轴式双旋翼。两旋翼在同一轴线上,相逆旋转,因此反扭矩彼此相消(见图 2-6)。这种形式外廓尺寸较小,但传动和操纵机构复杂。

图 2-5　单旋翼带尾桨式旋翼飞行器

图 2-6　共轴式双旋翼式旋翼飞行器

(3)纵列式双旋翼。两旋翼纵向前后布置,相逆旋转,反扭矩彼此相消(见图 2-7)。这种形式机身宽敞,容许机体重心位置移动较大,但后旋翼空气动力效能较差。

图 2-7　纵列双旋翼式旋翼飞行器

(4)横列式双旋翼。两旋翼左右安装在支臂或固定机翼上,相逆旋转,反扭矩彼此相消(见图 2-8)。这种形式构造对称,稳定性、操纵性较好,但迎风面空气阻力较大。

图 2-8　横列双旋翼式旋翼飞行器

（5）多旋翼飞行器。旋翼数量多达 4 个或 4 个以上，通常分为 4、6、8、12、16、18、24、36 个旋翼等，每两个旋翼相逆旋转，因而反扭矩彼此相消（见图 2-9）。

（6）其他特殊形式。为了提升旋翼飞行器的有效载荷、前飞速度、升限和航程等性能，人们设计和研制出了一些特殊形式的旋翼飞行器，例如复合式、组合式、倾转旋翼式、涵道式等。其中值得一提的是倾转旋翼式（见图 2-10），这种形式的旋翼飞行器有固定机翼，双旋翼分别安装在固定机翼的两端。在起飞时它就像是横列式旋翼飞行器那样垂直起飞，起飞后旋翼轴相对于机体逐渐向前转动，逐渐转入前飞状态，过渡到平飞时就能像普通的固定翼飞机一样依靠固定机翼产生向上的升力[15]。该类飞行器依靠转轴近乎水平的旋翼产生向前的拉力，牵引旋翼飞行器向前飞行，其飞行速度相比于传统旋翼飞行器能提高两倍多，达到 600 km/h。

图 2-9　多旋翼飞行器

图 2-10　倾转旋翼式旋翼飞行器

2.2　翼型的几何参数和主要类型

由于翼型直接影响着无人机的飞行性能和飞行品质，因此要想更好地探索无人机的飞行性能，就必须对其翼型的几何参数和气动性能有所了解。

2.2.1 翼型的定义和几何参数

1.翼型的定义

固定翼无人机机翼和旋翼无人机旋翼桨叶的剖面称为翼型。翼型是所有依靠空气动力飞行的飞行器能够在天空飞翔的关键因素,对飞行器的性能影响很大[16]。

翼型设计和选择是空气动力学研究的一项重要内容。固定翼飞机机翼与直升机旋翼桨叶的翼型,其几何参数差别相当大。航空领域的研究者应用空气动力学理论和风洞试验,发展了多种类型的翼型,以适应不同的需求,为现代翼型发展打下了坚实的基础。

2.翼型的几何参数

翼型的各部分名称如图 2-11 所示,翼型是由中弧线(或弯度线)和基本厚度翼型叠加而成的。翼型由几何要素组合生成,与翼型的上表面和下表面等距离的曲线称为中弧线[17]。中弧线与上表面和下表面的外形线在前端的交点称为前缘。在后端的交点称为后缘,前缘和后缘端点的连线称为弦线,弦线是测量迎角的基准线。

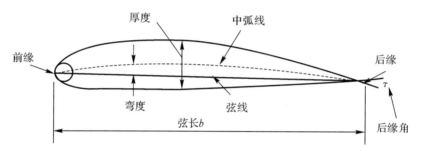

图 2-11 翼型几何参数

(1)弦长。弦长为翼型前缘至后缘的距离,或前、后缘在弦线上投影之间的距离,用 b 表示。以前缘作为原点,弦线作为 x 坐标轴,方向从前缘指向后缘;y 坐标轴垂直于弦线。翼型上、下表面各点距离弦线的数值 y 用弦线长度的相对坐标的函数表示(上、下表面分用下标 u 和 l 标注):

$$\left.\begin{aligned} \bar{y}_u &= \frac{y_u}{b} \\ \bar{y}_l &= \frac{y_l}{b} \end{aligned}\right\}, 0 \leqslant \bar{x} \leqslant 1 \qquad (2-2)$$

(2)弯度。翼型中弧线是其上弧线和下弧线之间的内切圆圆心的连线。中弧线和弦线的间隔称为弯度,以 f 表示。中弧线坐标 y 的最大值称为最大弯度,其最大值的 x 轴向位置称为最大弯度位置。相对弯度定义为弯度 f 与弦长 b 之比。如果中弧线是一条直线(与弦线合一),那么这个翼型是对称翼型;如果中弧线是曲线,那么此翼型有弯度。翼型的弯度一般是翼弦长的 $4\% \sim 8\%$,在一定的范围内,弯度越大,升阻比越大。但超过了这个范围,阻力就增大得很快,升阻比反而下降。中弧线 y 坐标(弯度函数)为:

1)相对弯度为

$$\bar{f} = \frac{f}{b} = \bar{y}_{f_{max}} \qquad (2-3)$$

2)最大弯度位置为

$$\bar{x}_f = \frac{x_f}{b} \qquad (2-4)$$

(3)厚度。在垂直于中弧线的方向测量的上表面与下表面的距离称为翼型厚度,以 c 表示,其最大值称为最大厚度。一般来说,厚度越大,阻力也越大。对于普通的翼型,将垂直于弦线(除去前缘附近)的上、下表面的距离作为翼型厚度并不会有很大差别。翼型厚度沿弦线的变化称为厚度分布。相对厚度是翼型的最大厚度与弦长的比值,例如相对厚度为 10% 的翼型,表示最大厚度和弦长的比是 10%[18]。厚度分布函数为

$$\bar{y}_c(\bar{x}) = \frac{y_c}{b} = \frac{1}{2}(\bar{y}_u - \bar{y}_1) \qquad (2-5)$$

1)相对厚度为

$$\bar{c} = \frac{c}{b} = \frac{2y_{c\max}}{b} = 2\bar{y}_{c\max} \qquad (2-6)$$

2)最大厚度为

$$\bar{x}_c = \frac{x_c}{b} \qquad (2-7)$$

(4)前缘、后缘。翼型中弧线的最前点和最后点分别称为翼型的前缘和后缘。

(5)前缘半径。翼型的前缘是圆的,要很精确地画出前缘附近的翼型曲线,通常得给出前缘半径。这个与前缘相切的圆,其圆心在 $\bar{x}=0.05$ 处中弧线的切线上(见图 2-11)。翼型前缘半径决定了翼型前部的"尖"或"钝",前缘半径小,在大迎角下气流容易分离,使飞机的稳定性变差。

(6)后缘角。翼型上、下表面在后缘处切线间的夹角称为后缘角。

2.2.2　空气在翼型表面的流动和压力分布

1.空气在翼型表面的流动

翼型因为流过其上、下表面的气流速度不同而产生升力,其基本原理是:翼型的迎角和弯度使得翼型上表面的空气比下表面的空气运动得快,因为翼型下表面呈水平状或凹状,上表面呈凸状,翼型迎向空气流,空气沿翼型上、下表面从前缘向后缘流动,然后在翼型尾端汇合,如图 2-12 所示。

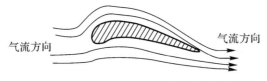

图 2-12　空气在翼型表面的流动示意图

由于沿翼型上表面的流动路程比下表面的流动路程长,因此空气沿翼型上表面的流速

比沿下表面的流速大,相应地,翼型上表面的压力小于下表面的压力,空气对翼型将产生一个由下向上的作用力。

2.翼型表面的压力分布

由伯努利方程可知,较高的速度产生的压力较低,翼型的上表面流速高而下表面流速低,因此翼型上、下表面的总压差产生净升力,这是翼型升力的来源[19]。

翼型上、下表面典型的压力分布如图2-13所示,上表面产生的压力约占总升力的2/3,因此上表面更为重要。

相对于来流有迎角的平板也会产生升力,例如风筝,好多平板形状的风筝也可以在气动升力的作用下飞上天空,当然,风筝最后的稳定是多种作用力综合作用的结果;还有一些使用各种平板材料作为机翼剖面形状的航模飞机,在强劲动力的作用下也可以飞。因为流过平板翼型上面的气流必然要从翼型表面分离,使得升力减小而阻力大幅增加,所以飞机要维持平衡就需要发动机输出比有弯度翼型更大的动力来提高速度,使得升力进一步增大从而保证垂直方向力的平衡,同时也保证了水平方向力的平衡,故整机的气动效率是很差的。

翼型的升力随迎角的变化可以用以下参数来描述:零升迎角、升力线斜率、升力线偏离线性时的迎角最大升力系数和最大升力系数对应的迎角等。因为目前的计算方法很难准确确定气流分离后的特性,所以翼型的升力特性一般尽可能地利用试验数据来确定。一个有弯度的翼型,即使其弦线与来流夹角(迎角)为零,也会产生升力。对于有弯度的翼型,存在一个产生升力为零的角度,因为有弯度的翼型迎角为零时升力大于零,所以这一角度必然小于零度,称为零升迎角,此迎角几乎等于以度为单位的翼型的相对弯度。

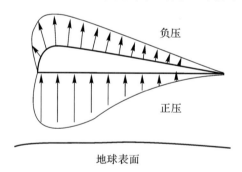

图2-13 翼型压力分布曲线

2.2.3 翼型的主要类型

翼型通常是用设计者或者研究机构名字的缩写加上数字来表示的。翼型的名称既有像Go795、RAF15等在表示机构的名字后面加上表示开发顺序的数字来描述的,也有用翼型的几何尺寸来表示的,还有用气动特性的数字来表示的。

一般来说,对于低速飞行器,选择翼型时要求升阻比大、最大升力系数高、最小阻力系数低、低阻范围宽、失速过程缓和等。外形特点是头部丰满,最大厚度靠前。典型低速翼型有ClarkY、NACA四位数字和五位数字翼型。早期的翼型大部分采用试凑法设计。NACA系列翼型族按中弧线和基本厚度划分，每族翼型都有一组具有一定分布规律的中弧线，并有一定的基本厚度。由这种具有基本厚度的翼型组和这种中弧线组所组成的翼型称为标准翼型。以标准翼型为基础，作某些修改的称为修改翼型。

1.NACA 四位数字翼型族

NACA 四位数字翼型族用 4 个数字表示翼型（简称四系列）的几何特征。以 NACA2415 翼型为例来说明，如图 2-14 所示。

第 1 个数字"2"表示相对弯度的百倍数值，即相对弯度是 2%；第 2 个数字"4"表示最大弯度相对位置的 10 倍数值，即在 40% 弦长处弯度最大值（对称翼型为 0）；第 3 和第 4 个数字"15"表示翼型的相对厚度的百倍数值，即最大厚度为弦长的 15%。

此外还有四位数字翼型的改良型：修正四位数字翼型，例如 NACA6412-34，前面的 4 个数字和四系列翼型的意义相同。横线后的第一个数字表示修正翼型的前缘半径是原来翼型的几倍，比如，0 表示翼尖的前缘，3 表示 1/3 倍，6 表示 1 倍，9 表示 3 倍；最后的数字 4 表示最大厚度在 40% 弦长处。

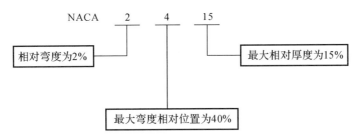

图 2-14　NACA 四位数字翼型说明

2.NACA 五位数字翼型族

NACA 五位数字翼型（简称五系列）的意义和四位数字翼型有些类似，但是也有不同点，如图 2-15 所示。NACA 五位数字翼型的第 1 个数字"2"其正确的理解是设计升力系数的 3/20，这是用弯度来表示设计升力系数；第 2 个数字 3 表示最大的弯度点相对位置的 10 倍数值；第 3 个数字表示后段中弧线的类型，0 表示直线，1 表示反弯度曲线；最后两个数字 15 表示相对厚度的百倍数值。

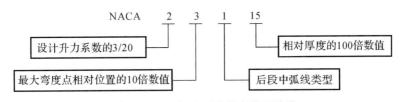

图 2-15　NACA 五位数字翼型说明

3.NACA 六位数字翼型族

NACA 发表了由一系列、二系列……八系列的翼型，其中六系列翼型是目前低速飞机的机翼中最广泛使用的翼型（见图 2-16），一系列翼型主要用于螺旋桨翼型。

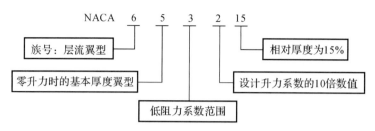

图 2－16　NACA 六位数字翼型说明

以 NACA633-218 为例说明六系列翼型的数字意义。第 1 个数字"6"代表六位数字翼型；第 2 个数字是零升力时最小压点的相对横坐标位置的 10 倍数值；第 3 个数字"3"是翼型的低阻升力系数范围，即高于或低于设计升力系数的 10 倍数值；第 4 个数字是设计升力系数的 10 倍数值；最后两个数字是相对厚度的 100 倍数值。

2.3　翼型空气动力特性和影响因素

空气动力学主要研究物体在空气中做相对运动情况下的受力特性、气体流动规律和伴随发生的物理化学变化。要想了解无人机飞行中的空气动力学知识，包括如何依靠机翼或旋翼产生的升力克服自身重力而飞起来，以及怎样控制飞行姿态和保持平稳，首先要学习和了解翼型空气动力学特性。

2.3.1　翼型空气动力特性

1. 翼型的气动力系数

在翼型平面上，把来流 v_∞ 与翼弦线之间的夹角定义为翼型的几何迎角，简称迎角 α。相对弦线而言，来流上偏为正，下偏为负。空气绕翼型流动视为平面流动，翼型上的气动力视为无限长桨叶在展向取单位展长所受的气动力，当气流绕过翼型时，在翼型表面上每点都作用有压强（垂直于翼面）和摩擦切应力 τ（与翼面相切），它们将产生一个合力 R，合力的作用点称为压力中心，合力在来流方向的分量为阻力 X，在垂直于来流方向的分量为升力 Y，如图 2-17 所示，且有

$$\left.\begin{array}{l} N = \oint (-p\cos\theta + \tau\sin\theta)\,\mathrm{d}s \\ A = \oint (\tau\cos\theta + p\sin\theta)\,\mathrm{d}s \end{array}\right\} \qquad (2-8)$$

式中：N 为与翼型弦线相垂直的力；A 为与弦线相垂直的力

由式(2-8)和图 2-17 可得出翼型的升力 Y 和阻力 X 分别为

$$\left.\begin{array}{l} Y = N\cos\alpha - A\sin\alpha \\ X = N\sin\alpha + A\cos\alpha \end{array}\right\} \qquad (2-9)$$

气动力矩取决于力矩点的位置。如果取力矩点位于压力中心，力矩为零。如果取力矩点位于翼型前缘，叫作前缘力矩；如果位于力矩不随迎角变化的点，叫作翼型的气动中心，为气动中心力矩[20]。规定气动力矩使翼型抬头为正、低头为负。以往的实践表明，薄翼型的气动中心为 $0.25b$，大多数翼型为 $0.23b \sim 0.24b$，层流翼型为 $0.26b \sim 0.27b$。

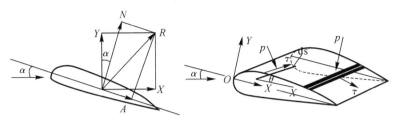

图 2-17　翼型上的气动力示意图

2.翼型的升力特性

翼型无量纲升力系数定义为

$$C_y = \frac{Y}{\frac{1}{2}\rho_\infty v_\infty^2 b} \qquad (2-10)$$

式中:C_y 为翼型升力系数;ρ_∞ 为空气密度;v_∞ 为气流相对速度;b 为翼型弦长;Y 为翼型升力。在升力系数随迎角的变化曲线中,当迎角较小时,是一条直线,其斜率称为升力线斜率,其表达式为

$$C_y^\alpha = \frac{\mathrm{d}C_y}{\mathrm{d}\alpha} \qquad (2-11)$$

(1)对于薄翼型,该斜率的理论值等于 $2\pi/\mathrm{rad}$,即 $0.109\ 65/(°)$,实验值略小。NACA23012 的升力线斜率是 $0.105/(°)$,NACA631-212 的是 $0.106/(°)$。实验值略小的原因在于实际气流的黏性作用。有正迎角时,上、下翼面的边界层位移厚度相同,其效果相当于改变了翼型的中弧线及后缘位置,进而减小了有效的迎角。

(2)对于有弯度的翼型,其升力系数曲线不通过原点,通常将升力系数为零的迎角定义为零升迎角 α_0,而经过后缘点与几何弦线成 α_0 的直线称为零升力线。弯度越大,α_0 越大。

(3)在迎角达到一定的值之后,升力系数曲线开始弯曲,再大一些,就达到了它的最大值,称为最大升力系数 $C_{y\max}$(见图 2-18),它是翼型用增大迎角的办法所能获得的最大升力系数,相对应的迎角称为临界迎角 α_s。再增大迎角,升力系数反而开始下降,称为翼型的失速,临界迎角也称为失速迎角。在临界迎角 α_s 以下,C_y 与气动迎角 α 呈线性关系。气动迎角 α 与几何迎角之间的关系为

$$\alpha = \alpha_{ge} - \alpha_0 \qquad (2-12)$$

式中:α_{ge} 为几何迎角;α_0 为以几何弦为准的零升迎角,一般为负值。

3.翼型的阻力特性

由于黏性的存在,即使空气黏性很小,当空气流过物体时,也会产生一定阻力。翼型阻力有表面摩擦、流动分离和超声速的激波,包括摩擦阻力和形状阻力(也叫黏性压差阻力)两部分。翼型摩擦阻力是空气流经翼型表面时,由于空气黏性的作用而产生的阻力,另外,空气离开翼型表面时因与附近的空气相互牵制摩擦,也要产生阻力。翼型阻力特性曲线如图 2-19 所示。

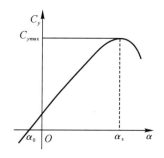
图 2 - 18   翼型升力特性曲线

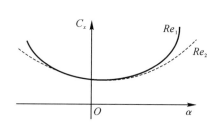
图 2 - 19   翼型阻力特性曲线

翼型的升力和阻力特性受弧线的形状、翼型厚度和厚度分布的影响较大,特别是受弯度和翼型厚度的影响很大。翼型弯度增加,升力系数增加;翼型厚度减小,最小阻力系数减小。摩擦阻力与压差阻力都与黏性相关,所以雷诺数 Re 与阻力系数存在密切关系。翼型无量纲阻力系数定义为

$$C_x = \frac{X}{\frac{1}{2}\rho_\infty V_\infty^2 b} \quad (2-13)$$

式中:C_x 为翼型阻力系数;X 为翼型阻力;其余参数与式(2-10)相同。

(1)在任何迎角下,翼型的阻力系数(型阻系数)都不会等于零,因为气体是有黏性的,流过翼型时必然产生阻力。

(2)在迎角较小时,随着迎角的增大,型阻系数基本不变,当迎角较大时,型阻系数随迎角的增大而增长较快,这是由于黏性作用导致边界层分离。

(3)存在一个最小阻力系数。摩擦阻力是在小迎角时翼型产生阻力的主要因素,阻力系数随迎角的变化不大;在迎角较大时,产生了黏性压差阻力的增量,阻力系数与迎角的二次方成正比。当迎角等于或大于临界迎角时,分离区扩展至整个上翼面,阻力系数显著增大。

4.翼型的极曲线

通常情况下,根据翼型升力特性和阻力特性,得到极曲线,用以表示翼型升力系数和阻力系数的关系,如图 2-20 所示。

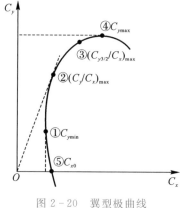
图 2 - 20   翼型极曲线

翼型极曲线上的每一个点代表相应的一个迎角,由原点至该点的连线表示翼型在这一迎角下的气动合力的大小和方向。因此,极曲线其实就是空气动力合力的矢量曲线。从曲极线中还可以找出 5 个特征点:

(1)阻力系数最小值 $C_{x\min}$ 点;

(2)最有利状态点 $(C_y/C_x)_{\max}$ 点,升阻比为最大,与航程最远相关。

(3)最经济状态点 $(C_{3/2}/C_x)_{\max}$ 点,与续航时间最久相关。

(4)升力系数最大点 $C_{y\min}$ 点。

(5)零升阻力系数 C_{x0} 点。

5.翼型的俯仰力矩特性

力矩是描述使物体绕支点旋转的作用力的物理量。翼型的俯仰力矩特性表示翼型绕前缘的力矩系数 C_m 相对于迎角 α 的变化曲线,也可以表示为 $C_m - C_y$ 的关系。由于翼型压力中心是气动力合力作用线与翼型弦线的交点,则在应用范围,气动合力力矩可以近似写成

$$C_m = -\bar{x}_p Cx \qquad (2-14)$$

式中: $\bar{x}_p = x_p/b$ 是翼型压力中心离开前缘的相对距离; b 为弦长。对于普通翼型来说,有

$$C_m = C_{m0} + \frac{\partial C_m}{\partial C_y} C_y \qquad (2-15)$$

式中: C_{m0} 为零升力矩; $\dfrac{\partial C_m}{\partial C_y}$ 为力矩系数对升力系数的斜率,为常数,一般为负数,意味着随着升力系数的增大低头力矩增加。相距前缘为 x (无量纲, $\bar{x} = x/b$)的任意一点的俯仰力矩系数为

$$C_{mx} = -C_y (\bar{x}_p - \bar{x}) = C_m + \bar{x} C_y \qquad (2-16)$$

6.翼型的气动中心(焦点)

在任意迎角下,翼型绕某一特定点的俯仰力矩恒定不变,该点称为气动中心(F),是气动力增量的作用点。气动力增量的作用点和气动力的作用点是不同的,它是迎角改变时,气动力的加量力矩等于零的点,是影响飞行器的操纵性与稳定性的一个重要参数,也是测量俯仰力矩的参考点之一。如果使 $\bar{x} = (-\dfrac{\partial C_m}{\partial C_y}) = \bar{x}_F$,则有

$$C_m = C_{m0} \qquad (2-17)$$

此 F 点为翼型焦点,绕焦点的力矩不随 C_y 而改变,恒等于零升力矩系数。焦点位置是固定不变的,它不因迎角变化而变化。在亚声速情况下,大多数翼型绕 1/4 弦点的俯仰力矩几乎与迎角无关,即气动中心位于 1/4 弦点处。

7.翼型的压力中心

翼型的压力中心又叫压心,是翼型上、下表面所受的气动分布力按照力的合成的基本原则合成的总力的作用点,所有的分布力相对于这一点的合力矩(假设抬头力矩为正,低头力矩为负)为零。压力中心在迎角变化时,在翼型中央弦线上前后移动,翼型的弯度越大,移动的距离越大。压力中心的位置和速度无关。对于对称机翼,即使迎角变化,压力中心也在弦线附近(1/4 处)不变化。对于对称翼型, $C_{m0} = 0$,压力中心(p)与焦点(F)重合。而对于非

对称翼型,两者不重合,压力中心(p)位置与焦点(F)的关系式为

$$\bar{x}_p = -\left(\frac{C_m}{C_y}\right) = -\left(\frac{C_{m0}}{C_y}\right) + \bar{x}_F \qquad (2-18)$$

2.3.2　影响翼型气动力的因素

影响翼型气动力的因素很多,例如飞行器的飞行高度、飞行速度、风速、空气温度和湿度,以及翼型的几何形状、表面粗糙度等,其中主要的影响因素有雷诺数、马赫数等。

1. 雷诺数 Re

雷诺数(Reynolds Number)是一种可用来表征流体流动情况的无量纲数,以 Re 表示。在流体力学中,雷诺数 Re 是指给定来流条件下,流体惯性力和黏性力的比值。雷诺数的大小决定了黏性流体的流动特性,雷诺数越小意味着黏性力影响越显著,雷诺数越大则惯性力影响越显著。雷诺数很小的流动,其黏性影响遍及全流场;雷诺数很大的流动(例如一般飞行器绕流),其黏性影响仅在物面附近的边界层或尾迹中才显著。在不同的流动状态下,流体的运动规律、流速的分布等都是不同的,因此雷诺数决定了黏性流体的流动特性,雷诺数的计算公式为

$$Re = \rho v d / \eta \qquad (2-19)$$

式中:v,ρ,η 分别为流体的流速、密度与黏性系数;d 为一特征长度。如同水或油有黏性一样,空气有比水或油小的黏性。雷诺数在计算飞行器的阻力特征时很重要,飞行器在空气中飞行所遇到的阻力主要分为摩擦阻力和压差阻力两种,空气的黏性与这两种阻力有密切关系。雷诺数被用来分析不同的流体特征,比如层流和紊流:雷诺数小,意味着流体流动时各质点间的黏性力占主要地位,呈层流流动状态;当惯性力占主要地位时,雷诺数大,此时流体呈紊流流动状态(也称湍流)。一般雷诺数 $Re < 2\,300$ 为层流状态,$Re > 4\,000$ 为紊流状态,Re 为 $2\,300 \sim 4\,000$ 为过渡状态。

雷诺数对常用翼型的升力线斜率影响很小,但对最大升力系数有明显的影响。一般 C_{ymax} 随雷诺数的增大而增大,翼型阻力随雷诺数的增大而减小。因为雷诺数越大,黏性的影响就越小,从而延缓了气流分离的发生,如图 2-21 所示。雷诺数及翼型表面的光滑程度决定了翼型表面的附面层状态和转捩点位置,从而影响翼型摩擦阻力。

2. 马赫数 Ma

马赫数(Mach Number)定义为物体速度与声速的比值,即声速的倍数。其中又细分为多种马赫数,如飞行器在空中飞行使用的飞行马赫数、气流速度的气流马赫数、复杂流场中某点流速的局部马赫数等。马赫数是速度与声速的比值,而由于声速在不同高度、温度等状态下又会发生改变,因此难以将马赫数换算为固定的 km/h 或 mph[①] 等单位。马赫数如果作为速度单位来使用,则必须同时给出确定的高度和大气条件(一般缺省为国际标准大气条件)。

马赫数主要用于亚声速、超声速或可压流动计算。马赫数(Ma)在计算飞行器的飞行性

①　mph:英里每小时(miles per hour),1 mph=1.609 344 km/h。

能时很重要,如图 2-22 所示。飞行器速度在 0.3Ma 以下可以认为是低速(可以不考虑空气压缩性的影响),在 0.3Ma~0.8Ma 的为亚声速,在 0.8Ma~1.2Ma 的为跨声速,1.2Ma~5.0Ma 的为超声速,5.0Ma 以上的为高超声速。通常民用飞机航行速度为亚声速或高亚声速,军用战斗机可以达到 3.0Ma 以上。

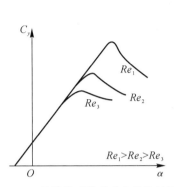

图 2-21　雷诺数对翼型升力特性的影响

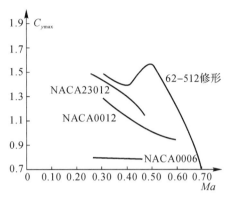

图 2-22　Ma 对升力特性的影响

相对来说,在高空比在低空更容易达到较高的马赫数。当 $Ma < 0.3$ 时,流体所受的压力不足以压缩流体,仅会造成流体的流动。此时,流体密度不会因压力变化,这样的流体称为亚声速流,流场可视作不可压缩流场。但当流体高速运动时,流体密度会因压力而发生变化,此时的流场称为可压缩流场,Ma 是标志空气压缩性影响的一个相似参数,对于旋翼无人机前飞时前行桨叶翼剖面,有

$$Ma = (\Omega r + v_0)/a \qquad (2-20)$$

式中:a 为声速;Ω 为旋翼旋转转速;r 为桨叶翼剖半径;v_0 为飞行速度。

3. 声障

(1)声障的定义。声障是一种物理现象,是由于声速造成提升速度的障碍。当飞行器的速度接近声速时,将会逐渐追上自己发出的声波。声波叠合累积,会造成震波的产生,震波则对飞行器的加速产生障碍。

(2)突破声障。在 20 世纪 50 年代之前,飞机声障是一个非常大的问题。当飞机向声速冲击的时候,飞机头部被高速压缩的空气像一堵墙一样,很多冲击声速的飞机都在这堵墙上撞得空中解体。不过人们在实践中发现,在飞行速度达到声速的 9/10,即 Ma 为 0.9 时,局部气流的速度可能就达到声速,局部发生激波现象,导致气动阻力剧增。

(3)超声速飞机的特点。超声速飞机的机体结构与亚声速飞机有很大差异:机翼更薄。机翼最大厚度处厚度与翼弦的比例即相对厚度是突破声障的关键因素。

(4)旋翼无人机避免发生声障的限制。对于旋翼无人机旋翼而言,当旋翼桨叶桨尖接近 $1Ma$ 时,桨叶前方急速冲来的空气不能通过旋翼扩散开来,导致气体集中到旋翼和机体的周围,使得压力急剧上升,生成空气旋涡,俗称"死亡漩涡",即声障,使旋翼无人机旋翼和机

体剧烈抖动,旋翼无人机往往会被瞬间摇成碎片。由于旋翼桨叶剖面的相对气流与其半径有关,因此旋翼无人机旋翼不可能像飞机机翼一样通过持续加速突破声障。即使旋翼桨叶的桨尖速度超过了声速,在桨叶上靠近旋转中心近一些的某一处必然是在声速附近的,这样一来旋翼就会一直受到声障的影响而无法正常工作。此时,为了保障安全,旋翼无人机的飞行速度要立即降下来,即为了避免产生声障,飞行时要确保旋翼桨叶的桨尖速度不超过声速,导致其前飞速度不可能高。通常旋翼无人机飞行速度一般不超过 $200\sim250$ km/h。

4.失速

在正常情况下,机翼的升力是与迎角成正比的,迎角增加,升力随之增大。但是一旦迎角增大到某一数值,就会出现相反的情况,即迎角增加,升力反而急剧下降,这个迎角称为临界迎角。在超过临界迎角之后,流经机翼上表面的气流会出现严重分离,形成大量涡流,升力开始下降,阻力急剧增加,飞行速度急剧下降,并且机身剧烈抖动,随后下坠,造成严重的飞行事故,这种现象就是失速。为了避免产生失速,机翼的迎角必须小于临界迎角。

临界迎角与雷诺数有关,雷诺数越大越不容易失速。因为雷诺数越大,机翼上表面的边界层会更快地从层流边界层过渡为紊流边界层,由于紊流边界层不容易从机翼表面分离,所以不容易失速。雷诺数小的机翼上表面则没有从层流边界层过渡为紊流边界层时分离,造成失速。一般翼型数据都会注明该数据是在雷诺数为多大时所得,并注明雷诺数多少时在几度攻角发生失速。

不同的翼型在失速时的特性并不相同,有的失速后升力很快减小,有的减小幅度就缓和得多。一般来说翼型分为三种类型,如图 2-23 所示。

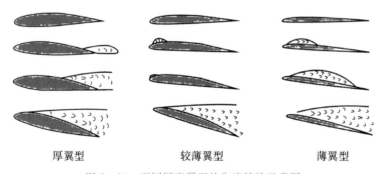

| 厚翼型 | 较薄翼型 | 薄翼型 |

图 2-23 不同厚度翼型的失速特性示意图

第3章　垂直飞行状态下的无人直升机旋翼动量理论和尾迹分析

3.1　悬停状态下的动量理论

描述上升旋翼最简单的方法就是作用盘理论,它通过动量变化而形成升力。假设存在一个跨越旋翼桨盘上下的轴对称的管流,它隔离流经旋翼的气流。假设气体不可压缩,则流经管流任意横截面的气体都是定常的(见图3-1)。这也同样意味着,由于气体是一维流动的,因此气流始终保持相同方向,这对于大多数飞行条件都是适用的,不过,在特定飞行条件下,该理论模型就不适用了[21]。

气体进入管流,经过旋翼桨盘时加速,在管流底部消失。在远离桨盘的上游,垂直流速趋于0,则管流横截面大小趋于无穷,不过,管流是自行建立并流经旋翼桨盘周边的。流经旋翼的附加速度 v_i 即是诱导速度,最终以速度增量 V_2 形成旋翼尾迹。旋翼拉力 T 可通过动量增量来定义。流经管流的连续气体遵循下式:

$$\rho A v_i = \rho A_2 v_2 \tag{3-1}$$

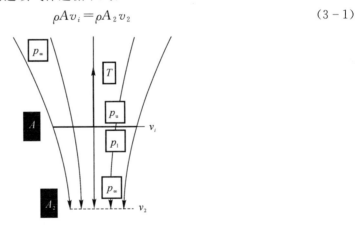

图3-1　悬停时的旋翼来流

由动量变化率定义的旋翼拉力如下:

$$T = \rho A v_i v_2 \tag{3-2}$$

每秒进入管流的单位气体的垂直速度为零。在同一时刻,等量气体离开管流的垂直速度是 v_2。因此,每秒都有一个动量产生,见式(3-2)。

拉力可用旋翼桨盘上下的气压差来表示,在作用盘理论中,也同样用到了这一点。为产生一个拉力,必须要有一个压差,由于假定的旋翼桨盘厚度为0,因此该压差不连续。不过,

流经旋翼的气流是连续的,这就奠定了作用盘理论的部分理论前提,因此得到下式:

$$T = A(p_1 - p_u) \tag{3-3}$$

应用伯努利方程,此方程对桨盘上、下的气体均适用,但不适用于流经其中的气体。在旋翼上方,有

$$p_\infty = p_u + \frac{1}{2}\rho v_i^2 \tag{3-4}$$

旋翼下方,有

$$p_1 + \frac{1}{2}\rho v_i^2 = p_\infty + \frac{1}{2}\rho v_2^2 \tag{3-5}$$

两式相减得

$$p_1 - p_u = \frac{1}{2}\rho v_2^2 \tag{3-6}$$

结合式(3.2)、式(3.3)、式(3.6),给定

$$v_2 = 2v_i \tag{3-7}$$

换句话说,随着气流向下远离旋翼形成尾迹,诱导速度会加倍。结合式(3-2)和式(3-7)得出

$$v_i = \sqrt{\frac{T}{2\rho A}} = \sqrt{\frac{1}{2\rho}}\sqrt{\frac{T}{A}} \tag{3-8}$$

式(3-8)后半部分明确表明,诱导速度取决于桨盘载荷 T/A。

式(3-8)表明了桨盘载荷和诱导速度之间的关系。乍一看,这似乎说明了桨盘载荷越大,旋翼产生的下洗流越大。这是正确的,但并不是我们关注的重点所在。设定拉力为中等大小,以诱导速度 v_i 通过旋翼桨盘,旋翼消耗的功率(以力和速度表达)由下式给出,即

$$p_i = Tv_i \tag{3-9}$$

由于该功率被命名为诱导功率,且是产生拉力的原因,因此,与诱导速度相一致,用下标 i 表示。比较各种旋翼可知,桨盘载荷越大,诱导功率就越大。另外,诱导功率是高能耗飞行状态——悬停状态的主要动力。因此,设计旋翼系统时,桨盘载荷应该是首要考虑的问题之一。除了直升机的最大满载重量,主旋翼大小是应首先确定的参数。

3.2 无 量 纲 化

参数无量纲化在评估旋翼飞行器性能或不同旋翼间比较计算时得到了广泛应用[22]。桨尖速度是恒定值,但是诱导速度在整个旋翼桨盘上是不均匀分布的。而对于固定翼飞行器来说,整个机翼速度是相同的。由此,定义无量纲诱导速度为

$$\lambda_i = \frac{v_i}{v_T} \tag{3-10}$$

与固定翼升力类似,拉力也同样用压力和作用范围来加以标准化。悬停状态下,旋翼桨尖的压力作用范围是整个桨盘区域,是动态变化的。固定翼飞行器的作用范围为机翼平面形状区域,对无人直升机旋翼来说作用范围为桨叶的平面形状区域。在后面的应用中,动量

理论不考虑旋翼桨叶,因此,其作用范围为整个旋翼桨盘。拉力系数用下式定义,即

$$C_T = \frac{T}{\frac{1}{2}\rho v_T^2 A}$$ 　　　　　　(3-11)

$$A = \pi R^2$$

C_T 公式的分母中的 1/2 与固定翼飞机的升力系数定义相一致,但这并不是通用性结论。读者们总是会查询各类技术文献来验证拉力系数的定义,不同定义存在的区别是非常恼人的。联立式(3-8)、式(3-10)和式(3-11),得到下面的无量纲方程:

$$\left.\begin{array}{l} \lambda_i = \frac{1}{2}\sqrt{C_T} \\[2mm] C_T = 4\lambda_i^2 \end{array}\right\}$$ 　　　　(3-12)

诱导功率系数也是标准化的。注意:分母中多出的速度项(桨尖速度)无量纲化为

$$C_{p_i} = \frac{p_i}{\frac{1}{2}\rho v_T^3 A}$$ 　　　　　　(3-13)

联立式(3-9)~式(3-13)得

$$C_{p_i} = C_T \lambda_i = \frac{1}{2}(C_T)^{3/2}$$ 　　　　(3-14)

3.3　悬停气动效率

悬停状态下诱导功率 P_i 占旋翼消耗的总功率的大部分,总功率的另一部分用于克服桨叶上的气动阻力,称为型阻功率 p_p[23]。由于旋翼产生升力必然导致诱导功率损耗,因此可用诱导功率与总功率的比值来度量悬停状态下旋翼的效率,该比值称为悬停气动效率,用字母 M 表示。利用简单动量理论,M 可表示为

$$M = \frac{P_i}{k_i P_i + P_p}$$ 　　　　(3-15)

式(3-15)含有很多先决条件。首先,诱导功率是理想值。固定翼飞机也有类似状况,考虑机翼上的全部阻力,当机翼载荷为椭圆形时,诱导阻力为最小值,且在机翼后面形成了一个恒定的下洗流。但大多数情况下,机翼载荷并不是精确的椭圆形,因此下洗流穿过机翼呈变化状态,诱导阻力也会大于最小值。因此引入诱导阻力系数。对无人直升机旋翼来说,下洗流或诱导速度也被假定为一个常量,因此作用盘提供的是理想解决方案。事实上,诱导速度也会有相应的变化,因此,引入一个诱导功率系数。固定翼飞机也会因表面摩擦力而产生一个型阻,这是独立于所有机翼升力的。无人直升机旋翼也会引发一个功率需求以克服桨叶上的表面摩擦力。为便于计算,需对桨叶上各变化速度加以整合,型阻功率由下式给出:

$$P_p = \frac{1}{8}\rho v_T^3 N c R C_{D0}$$ 　　　　(3-16)

式(3-16)中包含的面积项即是桨叶面积,因为型阻取决于桨叶上的受力情况。为了与标准化诱导功率相一致,型阻功率系数可以表达为

$$C_{pp} = \frac{\frac{1}{8}\rho v_T^3 NcRC_{D0}}{\frac{1}{2}\rho v_T^3 A} = \frac{1}{4}\frac{NcR}{A}C_{D0} \tag{3-17}$$

式(3-17)包含桨叶面积和桨盘面积的比,即旋翼实度,用 s 表示,本书参考很多前人成果,可知 s 有很多表达形式:

$$s = \frac{NcR}{A} = \frac{NcR}{\pi R^2} = \frac{Nc}{\pi R} \tag{3-18}$$

进行无量纲化,式(3-15)可被重写为

$$M = \frac{C_i\lambda_i}{k_iC_i\lambda_i + \frac{s}{4}C_{D0}} = \frac{\frac{1}{2}(C_T)^{3/2}}{k_i\frac{1}{2}(C_T)^{3/2} + \frac{s}{4}C_{D0}} = \frac{(C_T)^{3/2}}{k_i(C_T)^{3/2} + \frac{s}{2}C_{D0}} \tag{3-19}$$

对于给定的旋翼桨叶,假设桨叶不失速或不出现气体可压缩导致的阻力剧增,则阻力系数和型阻功率不会随着拉力的变化而产生强烈变化。式(3-19)说明,对于给定的旋翼,M值会随着 C_T 的增大而逐渐增大(见图3-2)。图3-2说明,以悬停气动效率为标准来进行比较时需谨慎考虑。设计师可以选择较小的桨叶面积以获得较大的 M 值,比如说采用在接近失速工作状态的高升力系数桨叶,但是也必须同时保证此桨叶面积在非悬停状态下也能支持无人直升机的正常运作,比如在高速机动状态下。另外,在给定应用下比较不同桨叶的设计——包括桨叶横截面形状、平面形状、扭转角等时,必须保证它们的拉力系数是一个常数。

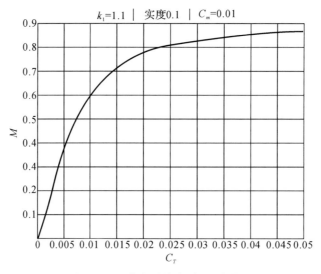

图3-2 悬停气动效率随 C_T 变化图

好的悬停气动效率一般为0.75左右,型阻功率约占总功率的1/4。同时还注意到,无人直升机作为一个整体,还有一部分功率消耗在驱动尾桨、传动及驱动一些辅助设备上。因此,悬停状态下的诱导功率只占总功率的60%～65%。

3.4　垂　直　飞　行

当旋翼离开悬停状态,并进行垂直飞行时,气流仍以拉力作用线保持轴对称,这种情况对于旋翼桨盘来说是正常的。在垂直上升过程中,建模相对简单。然而,在下降过程中,就会出现一些问题[24]。本书的分析主要基于动量理论。在中等速率下降的条件下,下降率与悬停状态下的诱导速度大小相近,此时气流会变得非常复杂。可知,旋翼桨盘处有流量相近的、反向的气流。为了能应用动量理论,沿整个管流长度必须存在实际气流吞吐量。首先研究垂直上升情况。

3.4.1　垂直上升的动量理论

讨论上升状态下的旋翼时,同样从旋翼的角度来观察气流的流向。气流从远离旋翼的上游进入管流(由于上升速度限制,管流横截面是有限的),然后流经旋翼,最后流出旋翼形成尾迹。由于必须产生动量变化并确保旋翼产生一个垂直向上的拉力,气流在从上方靠近旋翼时将向着旋翼桨盘方向加速,然后,在向下形成尾迹时加速更为明显,为了分析这种情况,图 3-3 显示了气流速度变化,图 3-4 显示了管流截面积变化,图 3-5 显示了压力变化。

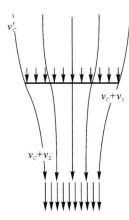
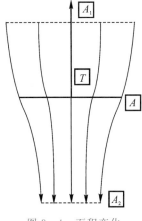
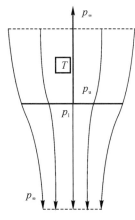

图 3-3　速度变化　　　　　　图 3-4　面积变化　　　　　　图 3-5　压力变化

气流以速度 v_C 进入管流,在流经旋翼桨盘时获得一个增速 v_1。最后形成尾迹时,在 v_C 气流速度的基础上获增速 v_2。

旋翼拉力 T 可由动量增量来衡量。连续介质流经管流可以表示为

$$\rho A_1 v_C = \rho A (v_C + v_i) = \rho A_2 (v_C + v_2) \tag{3-20}$$

旋翼拉力由动量变化率给出,即

$$T = \rho A (v_C + v_i) v_2 \tag{3-21}$$

式(3-21)说明了介质流随着速度不断增加流经整个管流。

正如悬停状态时所讨论的,拉力也可用旋翼桨盘上、下的气压差来表示。同样,最后应用伯努利方程,在旋翼上方可得到

$$p_\infty + \frac{1}{2}\rho v_C^2 = p_U + \frac{1}{2}\rho (v_C + v_i)^2 \qquad (3-22)$$

在旋翼下方：

$$p_1 + \frac{1}{2}\rho (v_C + v_i)^2 = p_\infty + \frac{1}{2}\rho (v_C + v_2)^2 \qquad (3-23)$$

两式相减：

$$p_1 - p_u = \frac{1}{2}\rho (v_C + v_2)^2 - \frac{1}{2}\rho v_C^2 = \frac{1}{2}\rho (2v_C + v_2) v_2 \qquad (3-24)$$

综合式(3-3)、式(3-21)和式(3-24)有

$$v_2 = 2v_i \qquad (3-25)$$

即：垂直上升时的速度增量为悬停状态下速度增量的两倍（这是对于速度增量来说的，并非速度本身）。

将式(3-25)代入式(3-21)有

$$T = 2\rho A_2 (v_C + v_2) \qquad (3-26)$$

则

$$\left.\begin{array}{l} v_i^2 + v_C \cdot v_i - \dfrac{T}{2\rho A} = 0 \\[2mm] v_i^2 + v_C \cdot v - v_0^2 = 0 \\[2mm] \left(\dfrac{v_i}{v_0}\right)^2 + \dfrac{v_C}{v_0}\dfrac{v_i}{v_0} - 1 = 0 \end{array}\right\} \qquad (3-27)$$

用 v_0 表示在相同拉力下悬停时的诱导速度，则

$$\frac{v_i}{v_0} = -\frac{v_C}{2v_0} + \sqrt{\left(\frac{v_C}{2v_0}\right)^2 + 1} \qquad (3-28)$$

假如垂直上升速率相对较低，则式(3-28)可展开为

$$\frac{v_i}{v_0} = 1 - \frac{v_C}{2v_0} + \frac{1}{2}\left(\frac{v_C}{2v_0}\right)^2 + \cdots = 1 - \frac{1}{2}\frac{v_C}{v_0} + \frac{1}{8}\left(\frac{v_C}{v_0}\right)^2 + \cdots \qquad (3-29)$$

完全解及近似解的变化如图3-6所示。

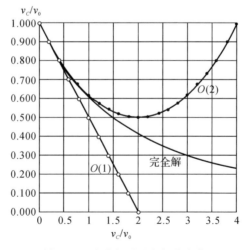

图3-6　完全解及近似解的变化

一阶解可用于垂直上升速率小于 0.2 的情况,二阶解可用于垂直上升速率不大于 1.0 的情况,超出这个范围,则会产生伪解。

消耗的功率由拉力和通过旋翼桨盘的合速度给出,即

$$\frac{P}{T} = v_C + v_i \tag{3-30}$$

与之前的推导过程一样,得到诱导功率,并另外得到了垂直上升功率。

通过式(3-30)得出功率-拉力比的变化(相对于悬停时的值),如图 3-7 所示。图 3-7 给出了完全解和两个近似解。另外,假设诱导速度不变时,也给出了仅做上升运动时的功率比和总功率比的变化。近似值的边界条件如之前所述;不过在图(3-7)中,上升运动的功率比轨迹和诱导速度定常轨迹形成了完全解的上、下限。当旋翼开始上升时,进入旋翼的气流域增加,且对于恒定的拉力来说,产生的动量会使诱导速度降低,因此,诱导功率也会降低。这意味着,由于诱导速度的下降,用于无人直升机稳定上升的功率也会下降。极限情况下,当上升速率变得非常大时,诱导速度趋于 0[25]。

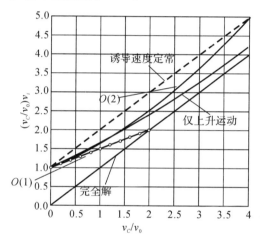

图 3-7　功率变化(通过速度体现)

将式(3-30)无量纲化,则有

$$
\begin{aligned}
C_P &= C_T \left(\frac{v_C + v_i}{v_T} \right) = C_T (\mu_Z + \lambda_i) = C_T \cdot \mu_Z + C_T \cdot \lambda_i \\
\frac{C_P}{C_T} &= \mu_Z + \lambda_i
\end{aligned}
\right\} \tag{3-31}
$$

3.4.2　管流建模

为研究管流建模,需要对速度沿管流长度方向的变化进行建模,作用盘(动量)理论不能给出这个速度变化的精确解;但是,可用下式简单定义出实际速度变化:

$$v = v_C + v_i + v_i \tanh\left(k \frac{s}{h} \right) \tag{3-32}$$

式中:s 为旋翼桨盘中心相对于初始状态的垂直位移,向下为正;h 为长度距离,表示旋翼桨盘上下收缩管流的覆盖范围;k 为调整管流收缩剧烈程度的系数。使用双曲正切函数是由于其渐近特性,因此,管流在远离旋翼桨盘的上下方呈圆柱形态[26]。

定义了速度变化后,定义压力变化也较简单:压力在旋翼桨盘上突然跳变意味着其变化必然涉及管流的任一末端,即在远离旋翼的上方和下方,气压恢复到大气压力。应用伯努利方程,则压力可由下面两个表达式(如上所需的两个)给出。

旋翼上方:

$$\left.\begin{aligned} p_\infty + \frac{1}{2}\rho v_C^2 &= p + \frac{1}{2}\rho v^2 \\ \frac{p - p_\infty}{\rho} &= \frac{v_C^2 - v^2}{2} \end{aligned}\right\} \tag{3-33}$$

旋翼下方:

$$\left.\begin{aligned} p_\infty + \frac{1}{2}\rho(v_C + 2v_i)^2 &= p + \frac{1}{2}\rho v^2 \\ \frac{p - p_\infty}{\rho} &= \frac{(v_C + 2v_i)^2 - v^2}{2} \end{aligned}\right\} \tag{3-34}$$

基于大气本身速度 U 来定义压力系数,可得到旋翼上方压力变化 C_{pu} 和旋翼下方压力 C_{pl}:

$$\left.\begin{aligned} C_{pu} &= \frac{(v_C)^2 - v^2}{U^2} \\ C_{pl} &= \frac{(v_C + 2v_i)^2 - v^2}{U^2} \end{aligned}\right\} \tag{3-35}$$

计算使用下列值:

v_z	10 m/s
v_i	10 m/s
R	10 m
U	10 m/s

其中:R 为管流尺寸;v_z 为轴向速度。

速度、管流尺寸和压力变化如图 3-8~图 3-10 所示。

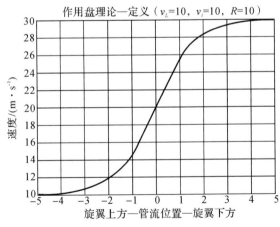

图 3-8　轴向速度变化

速度和管流半径变化遵从上述讨论,但压力变化仍需进一步研究。旋翼下方任意位置的压力线都比旋翼上方位置的要高,但是,从一个解到另一个解时,必然会出现整个压力变化的偏移和不连续。在自由空气流条件下,很难判定从某一曲线到另一曲线的变化情况;但是,我们可以得到旋翼桨盘处的压力突变。正是这个压力突变决定了旋翼的拉力,如图 3-10 所示。

3.4.3　垂直下降

在下降状态下给作用盘建模,气体从旋翼下方以速度 v_D 进入管流,流经旋翼桨盘时减少量为 v_i,最终形成尾迹且速度减少 v_2。该状态下,气流沿管流从旋翼下方向旋翼上方尾迹处流动,速度递减[27]。这是气体向下动量的一个有效增量,也是气体向上运动时产生向上拉力的原因,如图 3-11~图 3-13 所示。

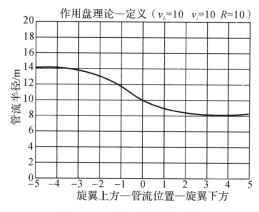

图 3-9　轴向管流半径变化

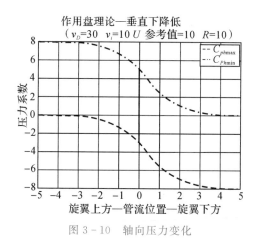

图 3-10　轴向压力变化

旋翼拉力 T 可由上述动量增量表示。参照图 3-11 和图 3-12,气体通过管流的连续性可表示为

$$\rho A_1 (v_D - v_2) - \rho A (v_D - v_i) = \rho A_2 v_D \qquad (3-36)$$

旋翼拉力由动量变化率表示为

$$T = \rho A (v_D - v_i) v_2 \qquad (3-37)$$

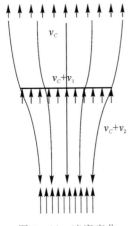
图 3 - 11　速度变化

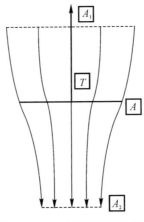
图 3 - 12　垂直下降状态的管流

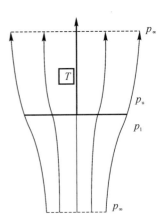
图 3 - 13　压力变化

该拉力也可用旋翼桨盘两边的气压差来表示,如图 3 - 12 所示,可得

$$T = A (p_1 - p_u) \qquad (3-38)$$

同样,伯努利方程可应用于旋翼桨盘上下的气流,但不适用于通过其中的气流,旋翼上方有

$$p_\infty + \frac{1}{2} \rho (v_D - v_2)^2 = p_U + \frac{1}{2} \rho (v_D - v_i)^2 \qquad (3-39)$$

旋翼下方有

$$p_L + \frac{1}{2} \rho (v_D - v_i)^2 = p_\infty + \frac{1}{2} \rho (v_D)^2 \qquad (3-40)$$

两式相减可得

$$p_1 - p_u = \frac{1}{2} \rho v_D^2 - \frac{1}{2} \rho (v_D - v_2)^2 = \frac{1}{2} \rho (2 v_D - v_2) v_2 \qquad (3-41)$$

综合式(3 - 37)、式(3 - 38)和式(3 - 41)得出与垂直上升和悬停状态相同的结论,即

$$v_2 = 2 v_i \qquad (3-42)$$

因此,式(3 - 37)可变为

$$T = 2 \rho A (v_D - v_i) v_i \qquad (3-43)$$

将垂直上升情况下建立的管流模型应用于下降状态。此时,沿管流长度方向向下的速度变化可简单定义为

$$v = v_D - v_i + v_i \cdot \tanh\left(k \frac{s}{h}\right) \qquad (3-44)$$

其中各参量与垂直上升情况相同(s 仍是向下为正)。

旋翼上方压力变化:

$$\left.\begin{aligned} p_\infty + \frac{1}{2} \rho (v_D - 2 v_i)^2 &= p + \frac{1}{2} \rho v^2 \\ \frac{p - p_\infty}{\rho} &= \frac{(v_D - 2 v_i)^2 - v^2}{2} \end{aligned}\right\} \qquad (3-45)$$

旋翼下方压力变化：

$$\left.\begin{array}{l} p_\infty+\dfrac{1}{2}\rho v_D^2=p+\dfrac{1}{2}\rho v^2 \\[2mm] \dfrac{p-p_\infty}{\rho}=\dfrac{v_D^2-2v^2}{2} \end{array}\right\} \qquad (3-46)$$

参考大气本身速度 U，使用压力系数，表示旋翼上方压力变化 C_{pu} 和下方压力变化 C_{pl} 如下：

$$\left.\begin{array}{l} C_{pu}=\dfrac{(v_D+2v_i)^2-v^2}{U^2} \\[2mm] C_{pl}=\dfrac{v_D^2-v^2}{U^2} \end{array}\right\} \qquad (3-47)$$

给定无人直升机下降速度为 $30\ \text{m/s}$，诱导速度为 $10\ \text{m/s}$，旋翼半径为 $10\ \text{m}$，管流尺寸和轴向位置的压力变化如图 $3-14\sim$ 图 $3-16$ 所示。所得结论与垂直上升情况类似，且同样需要压力突变来产生旋翼拉力。

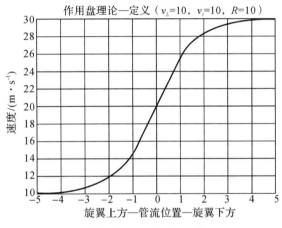

图 3-14　轴向速度变化

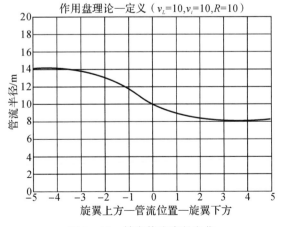

图 3-15　轴向管流半径变化

分析比较上述两个结论可以看出,垂直下降和上升情况十分类似,似乎没必要继续分析两者的区别。但这其中确有不同,其在于作用盘理论假定气流是一维且不可压缩的。因此,气流在流经整个管流时方向必须始终保持不变——介质流恒定即保证了这一点。在垂直上升过程中,气流方向总是向下,见式(3-32)。但是,对于下降过程,见式(3-44),允许反向气流的存在。这就是无人直升机旋翼在低速下降过程建模中所需要重新定义的问题,因此,重新分析式(3-26)和式(3-43),整理并代入,移去 v_2 得如下结论。垂直上升和悬停时:

$$T = 2A \cdot \rho(v_C + v_i)v_i \qquad (3-48)$$

下降时:

$$T = 2A \cdot \rho(v_D - v_i)v_i \qquad (3-49)$$

假如设定垂直上升/下降速度为0,则直升机为悬停状态。由于定义了悬停诱导速度为 v_0,式(3-48)和式(3-49)变为

$$\left.\begin{array}{l} T = 2\rho A \cdot v_0^2 \\ T = -2\rho A \cdot v_0^2 \end{array}\right\} \qquad (3-50)$$

式(3-50)第一个方程明确定义了悬停诱导速度,即

$$v_0 = \sqrt{\frac{T}{2\rho A}} \qquad (3-51)$$

第二个方程却与之相矛盾。拉力应始终保持向上且必须是正值,这一点在该方程中得不到体现。这即是作用盘理论在下降时的潜在问题:它不能扩展至悬停状态,有一定的适用范围。在下面的分析中我们将会看到,该原理只适用于一定的下降速率,正如前面所说,不能扩展回悬停状态。

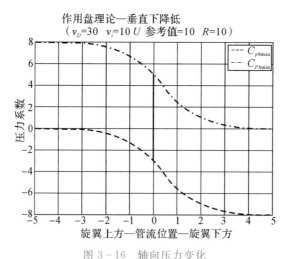

图 3-16 轴向压力变化

综合式(3-48)、式(3-49)和式(3-51),有

$$\left.\begin{array}{l} v_0^2 = \dfrac{T}{2\rho A}(v_C + v_i)v_i \\ v_0^2 = \dfrac{T}{2\rho A}(v_D + v_i)v_i \end{array}\right\} \qquad (3-52)$$

如果将以下速度项进行标准化定义,即

$$\left.\begin{aligned} \bar{v}_C &= \frac{v_C}{v_0} \\ \bar{v}_D &= \frac{v_D}{v_0} \\ \bar{v}_i &= \frac{v_i}{v_0} \end{aligned}\right\} \tag{3-53}$$

并代人下式:

$$\bar{v}_D = -\bar{v}_C \tag{3-54}$$

则在垂直上升和下降状态可使用同样的速度符号,得到以下无量纲方程:

$$\left.\begin{aligned} (\bar{v}_C + \bar{v}_i)\bar{v}_i &= 1 \\ (\bar{v}_D + \bar{v}_i)\bar{v}_i &= -1 \end{aligned}\right\} \tag{3-55}$$

求解方程(3-55)可得出诱导速度,但只有正解是符合逻辑的。重新整理式(3-55)有

$$\bar{v}_C = \pm \frac{1}{\bar{v}_i} - \bar{v}_i \tag{3-56}$$

式(3-56)表达的是修正后的直角双曲线及线性方程之和,如图3-17所示。

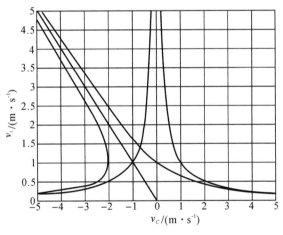

图 3 - 17　轴向飞行解

　　为使以上方程成立,气体流动方向必须单一(之前也已经提及过),为了满足这一要求,必须给以上结论限定相应条件。分析结论可得出,为使气流在入口、旋翼桨盘和管流的出口截面上保持相同方向,必须在一定区域内移除轴向速度,如图3-18所示。

　　根据以上对垂直速度的限定,可得出真实数学解,式(3-56)变为

$$\left.\begin{aligned} (\bar{v}_C + \bar{v}_i)\bar{v}_i &= 1 \Leftrightarrow \bar{v}_C \geqslant 0 \\ (\bar{v}_D + \bar{v}_i)\bar{v}_i &= -1 \Leftrightarrow \bar{v}_C \leqslant -2 \end{aligned}\right\} \tag{3-57}$$

因此,对于上述区域,我们需寻求相应替代解。尽管文字描述比较简单,但其理论分析

却非常复杂。这是因为作用盘理论是基于可界定的管流,而该区域气流状况与这一定义完全不相符。事实上,在该区域内,上升旋翼桨叶产生了一系列涡流,并逐渐占据主导地位。在低速垂直下降时,旋翼诱导的下洗流和尾迹与由下降旋翼诱导的上升运动相匹配,结果在尾迹中产生涡流,涡流位置十分靠近旋翼桨盘。很明显,涡流不能永远附在旋翼上,因此,其必然有一定的消散方法。事实上,涡流在旋翼周围有集聚的趋势,并越来越难以掌握,且表现出高频振动的现象。因此,这些集聚的涡环会周期性地脱落,离开旋翼,并周而复始。该过程会在之前提到的高频振动上再叠加一个低频振动,并导致振动加剧。可以设想,无人直升机旋翼的这种气流特性可被称为涡环状态,此时建立理论模型太过复杂,也太过困难,多年来学者们在该领域已经尝试过很多方法。

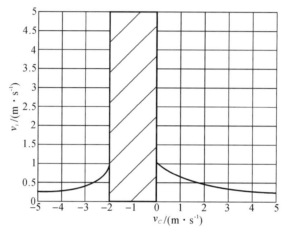

图 3-18　限定区域外作用盘理论

尽管上述飞行情况非常复杂,但仍有必要考虑平均气流特性,也因此直接引发了学者们对无人直升机旋翼从高速垂直上升到高速垂直下降过程中各种气流状态的讨论,见表 3-1。

表 3-1　轴向飞行中的旋翼气流状态

旋翼气流状态	图　示
在上升和悬停状态下,气流保持管流状态。在整个管流长度内,速度始终向下,由于该状态本身比较简单,因此作用盘理论在此处适用,这也是我们通常所说的正常工作状态	
低速下降时,在桨尖部分开始形成涡环。此时作用盘理论仍可应用,但已是应用的极限。有一小部分气流相对旋翼上升,但主要的还是向下的气流	

续表

旋翼气流状态	图　示
在中速下降时——下降速度等于悬停时的诱导速度——旋翼开始陷入一个巨大的环形涡流中。如之前所述，这是一个极不稳定的气流状态。作用盘理论在此处完全不适用。这就是所谓的涡环状态，该状态下流经旋翼的气流速度方向是各种各样的	
当下降速度增加时，尾迹开始向能翼上方移动。该特性与圆盘后的尾迹类似——紊流尾迹由此得名。这时气流速度方向仍有不同，因此很难判定作用盘理论是否适用，除非直升机下降速度接近悬停时诱导速度的两倍	
当下降速率进一步增大时，尾迹将移至远离旋翼的上方，此时气流速度方向均垂直向上。管流状态适用，作用盘理论也由于气流变得简单而开始适用，这就是所谓的风剩状态	

3.5　风洞试验

为测试涡流尾迹对旋翼下降速率的实际影响，本节讨论旋翼模型的风洞试验，所用模型如图 3-19 所示。利用粒子图像测速，采用激光束扫除的方法确定几何平面内的气流速度分量，如图 3-20 所示。在该试验中，所指平面垂直于旋翼桨盘平面，并包括桨叶外端和涡流尾迹的初始部分，选取特定速度值来表示部分平面内的涡流变化[28]。

图 3-19　风洞试验中的旋翼装置

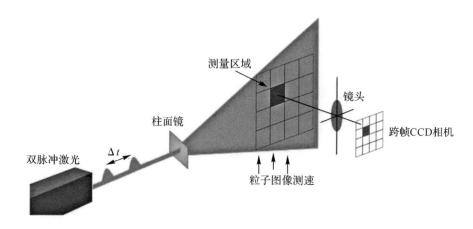

图 3 - 20 PIV 测量原理图

表 3-1 给出了一系列风速条件下的涡流图像,该系列风速实际上是旋翼下降率。为计算方便,设定悬停诱导速度为 1.1 m/s。该旋翼具体数据见表 3-2。

表 3-2 该旋翼具体数据

相关参数	具体数据
旋翼转速/(r·min^{-1})	1 200
旋翼半径/mm	254
桨叶弦长/mm	34
桨叶数量	3
桨叶扭转角度/(°)	8
总距/(°)	10

表 3-3 展示了气流从悬停状态到下降风刹状态的逐渐转变。转变过程中的每个状态最终都是平衡的纯尾迹流,而在涡环状态区域尾迹是逐渐消散的。需要强调的是,表 3-1 中所示的气流是平均气流。同时,须谨记涡环状态是一种极不稳定的飞行状态。

表 3-3 与轴向风速(v_Z)相对应的桨尖涡流

v_Z/v_0	PIV 图	v_Z/v_0	PIV 图
0 旋翼尾迹清晰		3.0	

续表

v_z/v_0	PIV 图	v_z/v_0	PIV 图
0.5 尾迹远处开始消散		3.4 尾迹消散范围包 括旋翼桨尖周围气流 （仅下降气流）	
1.0		3.8 尾迹消散范围包括旋 翼桨尖周围气流 （仅上升气流）	
1.6 尾迹消散范围更广		4.0	
2.0		4.4 气流处于上升到旋翼 上方的临界点	
2.4		4.8	
2.8		5.0 气流持续上升 消散减弱	

3.6 完全诱导速度曲线

3.6.1 基本包线

研究不同的垂直飞行条件下诱导速度的变化是非常有趣的。在涡环状态和紊流状态下,动量理论不再适用,这时的所有数据都必须在飞行中测得,如进行风洞试验[29]。很明显进行飞行试验(测量下降速度和控制角)是十分困难而且危险的事,特别是在涡环状态占主导地位的情况下,而且试验的结果必然存在一些差别(见图3-21)。不过,大体的趋势是可以确定的,并且我们可以由此定义出通用诱导速度曲线。

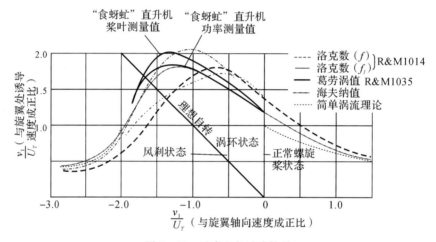

图 3-21　垂直飞行试验结果

在简单动量理论适用的范围内,应用其结果[见式(3-55)]得出的诱导速度曲线如图3-22所示。我们可以看出当无人直升机由悬停变为垂直下降时,诱导速度比由动量理论所得出的结果增加更为迅速。在涡环状态时,其值达到了悬停状态时的两倍,然后在进入风刹状态时又迅速下降到悬停值。

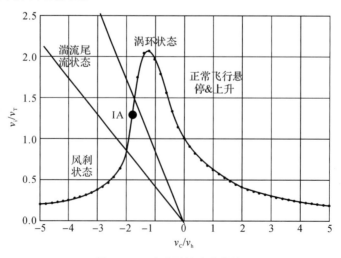

图 3-22　完全诱导速度曲线

在垂直下降过程中,随着下降速率的增加,用于维持拉力所需的功率一般来说是随之降低的,而在涡环状态下,其所需功率是随之增加的(见图 3-23)。该现象可能是涡环剧烈脱落造成的桨叶失速引起的。无人直升机在近乎垂直降落的机动情况下,发动机的功率相对较低,该现象的存在可能具有潜在危险,同样,在高温、高载荷飞行情况下,该现象也具有相应的潜在危险。

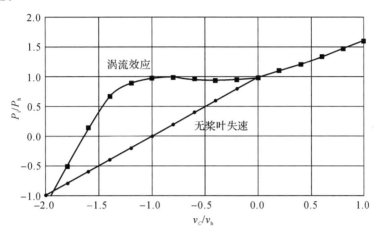

图 3-23　功率比基于轴向速度的变化

3.6.2　自转

式(3-30)表明了垂直上升所需的功率以及产生的下洗流。对自转来说,需要加上型阻功率。若要衡量下降时的等效功率消耗,则得到下式:

$$P = T(v_i - v_D) + p_P = -T \cdot v_D + T \cdot v_i + p_P \tag{3-58}$$

型阻功率表达式与垂直上升/下降速度无关,因此悬停结论[见式(3-16)]可用于此处,则式(3-58)有可能存在 0 值,这意味着发动机无需功率输入。假设该情况成立,则得出

$$v_D = v_C + \frac{P_p}{T} \tag{3-59}$$

式(3-59)是没使用任何参量的最简单的表达式,说明了桨盘载荷的重要性。因此,为使上述情况成立,必须有一定的下洗速率。该状态即是无人直升机安全着陆所使用的自转状态,此时,主旋翼功率丧失。自然,自转速度会尽可能低,因此下洗速率应有一定的限制,并同时限定了主旋翼半径的最小值。

3.6.3　理想自转

诱导速度曲线和速度直线的交叉点:

$$v_C + v_i = 0 \tag{3-60}$$

该点非常有意思,因为它定义了理想自转状态(见图 3-22 中 IA),在此状态下,由于通过旋翼的平均流量为 0,诱导功率为 0,四舍五入,理想和实际自转状态下 v_C/v_0 的值分别约为 -1.7 和 -1.8。

假设类似气流通过一个刚性圆盘(湍流尾迹状态),圆盘所受阻力可表达为

$$D = \frac{1}{2}\rho v_C^2 A C_D \tag{3-61}$$

若此时阻力等于旋翼拉力,则有

$$T = 2\rho A v_0^2 = \frac{1}{2}\rho v_C^2 A C_D \tag{3-62}$$

由此我们得出

$$C_D = \frac{4}{\left(\dfrac{v_C}{v_0}\right)^2} \tag{3-63}$$

由图 3-24 可知,取 $v_C/v_0 = -1.7$,C_D 值为 1.38,这接近于刚性圆盘的阻力系数。取实时值 $v_C/v_0 = -1.8$,可以得到更好的分析结果,C_D 值为 1.23,接近降落伞的有效阻力系数。因此,在自转垂直下降过程中,旋翼的工作状态类似于降落伞。

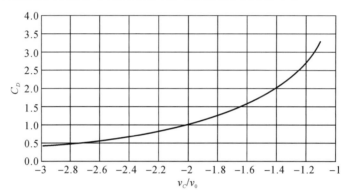

图 3-24　有效圆盘阻力

3.7　动量理论的简要注释

介绍动量理论是为了让读者对旋翼的功能有一个大概的了解,同时它也提供了诱导速度和为直升机提供拉力所需功率之间的基本关系。作用盘的假设是动量理论的基础,而作用盘的概念明显适用于沿垂直于作用盘方向的飞行,即我们所讨论过的悬停和垂直升降的状态。在讨论无人直升机前飞(第 5 章内容)时我们将更深入地运用这一理论。

动量理论显示了桨叶载荷作为一个整体参数的重要性,但它不能具体解释旋转的桨叶是如何产生拉力的,也不能具体说明对于桨叶有什么设计标准。要解决这些问题,需要研究叶素理论,相当于固定翼空气动力学中的翼型理论,将在第 4 章中讨论。

3.8　真实尾迹的复杂性

作用盘概念结合叶素理论能够很好地对无人直升机的性能进行计算,然而,当桨叶载荷分布或振动特性作为重点研究的对象时,就必须考虑旋翼尾迹的实际气流特性。这就意味着,抛去整个作用盘的概念,旋翼是由一个个独立的桨叶构成的,桨叶径向上的每一点都存在涡流并产生升力。与这些附着的涡流相对应的,尾迹中必然存在着一个涡流系(亥姆霍兹定理),且尾迹涡流的强度取决于沿桨叶径向上涡环的变化率。如果只是出于讨论,可以将该变化率视为常量,这样在悬停状态下单个桨叶的尾迹可看成具有固定的径向强度、以固定速度呈螺旋状下降的涡面,如图 3-25 所示。这种状况类似于固定翼飞机中诱导阻力(即诱导功率)最小时的椭圆形载荷情形。然而,由于速度从桨叶根部到尖部稳步增加,这种理想的升力分布是不现实的。

实际桨叶尾迹中最不可忽视的是桨尖引出的强大涡流,因为此处速度达到最大值,所以升力的变化速率也达到了最大值。在悬停状态下,桨尖涡流是以螺旋状轨迹下降的。

图 3-25　螺旋状尾迹

在风洞试验中可以通过注入烟雾(见图 3-26)或者其他方法观察到上述结果,且在高载荷和高湿度大气飞行条件下通常可以直接观察到。通过图 3-27 可以看到桨尖涡流离开桨叶后首先向着桨叶的转轴方向运动,然后停留在靠近桨盘的下部,当第二片桨叶到来时就会受到其上洗作用,使有效迎角增大,因此增大了桨尖涡流的强度。

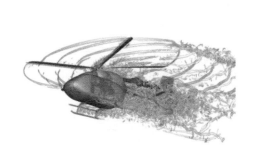

图 3-26　实际旋翼尾迹

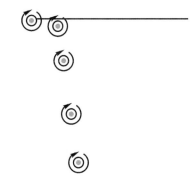

图 3-27　涡流运动原理

J. P. Jones 通过图 3-28 展示了一片威赛克斯直升机桨叶悬停时径向载荷分布的计算结果,并指明了桨叶旋转过程中桨尖涡流的不同位置。该桨尖涡流的变化形式导致了桨叶径向 80% 处的载荷突变,尤其是前一片桨叶上桨尖涡流的位置变化。可以通过改变桨叶设计来减小桨尖涡流的集中,例如采用向下扭转的桨尖,减小桨尖面积,或者使用特殊的桨尖平面形状。但是,应同时认识到,正是高速运动的桨尖区域产生了整个桨叶的最大升力。

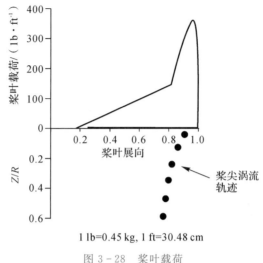

1 lb=0.45 kg, 1 ft=30.48 cm

图 3-28 桨叶载荷

由于桨叶载荷从根部向尖部逐渐增加(见图 3-28),因此在尾迹中除了桨尖流涡以外,还可能存在一些内部的涡流,其表现形式可能与图 3-25 所示类似,也可能是螺旋状涡流片,但强度不固定。Gray,Landgrebe 和他们的助手们通过可靠的实验结果证实了上述猜想。因此,整个尾迹应该是强烈的桨尖涡流和内在涡流的叠加,且通常反向。Gray 和 Landgrebe 描绘出了大概的图形,后来由 Bramwell 和其他学者共同完善,形成了一个标准。

图 3-29 是对上述的一个修正,其指明了组成内部涡片的各涡流线,这些涡流线是由桨叶内部所引发出来的。Cray 和 Landgrebe 的研究清晰地给出了紧邻桨盘下的尾迹的收缩,其他特征还包括,内部涡片下降的速度大于桨尖涡流,内部涡片上靠近外面部分的移动速度大于里面的部分,因此内部涡片就会越来越倾斜于旋翼平面。

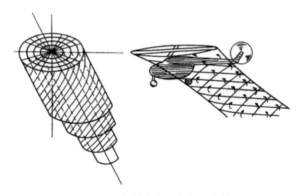

图 3-29 尾迹涡片和桨尖涡流轨迹

3.9　尾迹分析方法

通过对一系列精心设计的烟雾注射实验的分析,Landgrebe 将实验结果总结为以方位角为自变量的桨尖涡流和内部涡流片的径向和轴向坐标的公式。根据建立起来的桨尖涡流的位置公式,可计算出旋翼平面上的诱导速度。这种方法属于"预定尾迹分析"的范畴,正如PrandtKGoldstein 和 Theodoreen 之前的分析,Bramwell 给予了具体说明。这些早期的方法要么将涡流看成图 3 - 25 所示的均匀的涡流片,要么就将桨尖涡流单独考虑,因此,到目前为止,在实际应用中,都用 Landgrebe 的方法来替代。

近来,更多的研究集中于"自由尾迹分析",它采用现代数值算法在诱导速度分布和尾迹几何分布之间进行迭代计算,二者均可变化,直至共同收敛。Clark 和 Leiper 对此方法进行过举例描述。一般来说这种方法的计算量非常大,因此相当多的研究集中于如何设计简化的尾迹模型以减少计算量。虽然随着时间的推延,计算机的计算能力一直在增长;但是,这种复杂的计算方法仍会完全消耗掉可用的计算能力。

对旋翼的计算还需考虑对每个单独桨叶的计算。一般来说,要想得到满意的结果,至少要计算桨叶旋转两周的情况。这是因为在下一片桨叶到来之前会有一个上洗气流对桨尖涡流产生影响——类似于固定翼前的上洗气流。两个桨叶之间的间距越小,后一桨叶对前一桨叶的桨尖涡流影响就越大,因此,当桨叶数目较多的时候,桨尖涡流几乎保持位置不变,直到下一个桨叶到来开始对流向下。在较远处的尾迹(间距较大),桨尖涡流下降的距离大于旋翼转两圈所下降的距离。这时利用一些简化的模式来计算更为有效,比如自由尾迹计算可以通过一些连续的涡流来简化,这些涡流之间的间距由桨叶数目和当地平均诱导速度决定。

无论是桨尖涡流,还是各桨叶相互作用产生的内部涡流,其形成的尾迹最终是以一种复杂的方式向下运动的。

本书给出了悬停状态下实际尾迹的大致介绍以及计算的基本方法,这通常被称为涡流理论,在有关前飞状态下的无人直升机旋翼章节(第 5 章)将再次接触到。要想知道关于这方面的更多细节,建议读者配合阅读教科书。

3.10　地面效应

贴地悬停状态下旋翼的诱导速度会明显受到地面的影响,地表处尾迹的下洗速度会自然减小到零,这将引起尾迹内压力发生变化,进而向上影响到旋翼,最终导致在给定拉力下的诱导速度变小,如图 3 - 30 和图 3 - 31 所示。

诱导功率也会因此而降低,这就是我们所说的由于地面的"支撑",给定质量的无人直升机只耗费较低的功率就能实现悬停。换言之,在给定输出功率的情况下,相对于远离地面的情况,地面效应下的无人直升机能够在更大的质量条件下悬停。正如 Bramwell 所指出的:

"地面效应对性能的改进是十分显著的。实际上,一些早期的、动力不足的无人直升机只能在地面的帮助下才能实现悬停。"

图 3-30 "海王"直升机
贴地悬停

图 3-31 靠近水面悬停时的尾迹冲击
影响(美国海军提供)

地面效应的理论描述只是一个抽象的概念。Knight 和 Hafner 对实际尾迹提出了两个假设:

(1)沿桨叶方向的涡环是一常值,因此,限定涡流系统仅存在于桨尖涡流中。

(2)螺旋状的桨尖涡流形成了一个均匀的涡流柱直达地面。

地面的作用可通过一个镜像旋翼来体现,镜像旋翼位于地面下方且与实际旋翼具有相同的尺寸,但涡流流向相反,以确保地面处的法向速度为零。实际的和镜像的涡流柱组成的系统在桨盘处产生的诱导速度可以被计算出来,因此,诱导功率也可以作为旋翼距地面高度的函数被推导出来。

研究发现,当旋翼距地面的高度与旋翼半径之比是 0.4 时,诱导功率可以减小到无地面效应下的 0.5 倍,这是直升机起飞时的一个典型取值。诱导功率大约是总功率的 2/3(见 3.1 节),这表明地面效应可使总需用功率下降 1/3。当旋翼离地高度与半径之比达到 2.0 时,功率比值接近 1.0,即此时地面效应几乎消失,拉力系数仅对上述结果有很小的影响。

在给定功率条件下测定拉力,通过旋翼模型实验也得到了与上面类似的结果。Cheeseman 和 Bennett 通过简单的分析得出一个极为有用的表达式,此表达式给出了近似的关系,即

$$\frac{T}{T_\infty} = \frac{1}{1 - \left(\dfrac{1}{4Z/R}\right)^2} \tag{3-64}$$

在同样功率水平下,T 是地面效应时产生的旋翼拉力,T_∞ 是脱离地面效应后产生的旋翼拉力。Z 是旋翼距地面的高度,R 是旋翼半径,如图 3-32 所示,这与实验数据很好地吻合。

地面效应对无人直升机性能有着明显的影响,因此相应的技术规范通常包含两个值:处

于地面效应(In Ground Effect,IGE)或脱离地面效应(Out of Ground Effect,OGE)时的功率和拉力。

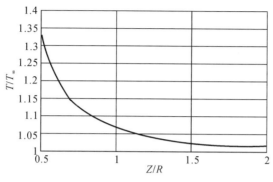

图 3-32　地面效应下的旋翼拉力

3.11　沙盲现象

当无人直升机接近地面时,四散的旋翼尾迹会与任意的水平风相互影响,有逆风向上的趋势,并可能重新进入旋翼桨盘。这就形成一种环流,该效应如图 3-33 所示。

关于该效应,学者们已经做了大量的研究,因为当无人直升机在运转时,地表沙尘会很容易被扬起到空中,并被相互作用的气流夹带围绕在飞机周围,能见度严重降低,危害飞行安全[30]。图 3-34 显示了 V22 无人直升机降落到由旋翼下洗流形成的一团沙尘中的情景。

图 3-33　沙盲现象　　　　　图 3-34　沙盲环境下 V22 直升机降落
　　　　　　　　　　　　　　　　　　　　　　　（格林空军基地提供）

第4章 垂直飞行状态下的无人直升机旋翼叶素理论

4.1 基本方法

从本质上来说,叶素理论即机翼理论在旋转桨叶上的标准应用。图4-1显示了一个典型的气动带,其相应的表示方法如图4-2所示。在实际分析中,叶素理论假定桨叶始终是刚性的,该假定依赖于以下这个事实:在正常转速下,向外的离心力是桨叶所受的最大的力,且其足以支撑桨叶始终保持刚性。在垂直飞行状态下(包括悬停),最复杂的是沿桨叶展向对桨叶单元受力进行积分[31]。不过,由于通常情况下桨叶迎角和诱导气流角度都足够小,因此可以采用小角度近似的方法来进行简化,从而得到有用值。

图4-1 用于桨叶气动计算的常规气动带

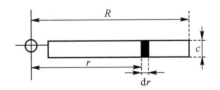

图4-2 桨叶气动带坐标

图4-3是旋翼桨盘俯视图。桨叶以角速度 Ω 逆时针旋转(西方国家标准),桨叶半径为 R,因此桨尖速度为 ΩR,或者写成 v_R。在半径 r 处取一桨叶微元,弦长为 c,展向宽度为 $\mathrm{d}r$。该段桨叶的受力如图4-4所示。因此,该段桨叶处有桨叶周向速度 Ωr 和与之相垂直的速度 $(v_C + v_i)$。因此可得合速度为

$$U = \sqrt{(v_C + v_i)^2 + (\Omega r)^2} \tag{4-1}$$

桨叶的桨距角为 θ,取决于飞行员的操纵控制(见第5章)。气流方向和桨盘之间的夹角为来流角 φ,由下式计算:

$$\varphi = \tan^{-1}\frac{(v_C + v_i)}{\Omega r} \tag{4-2}$$

当来流角很小时,有

$$\varphi = \frac{(v_C + v_i)}{\Omega r} \tag{4-3}$$

因此可得该处桨叶的切面迎角,由 α 表示为

$$\alpha = \theta - \varphi \tag{4-4}$$

则该微元桨叶的升力和阻力可表示为

$$dL = \frac{1}{2}\rho U^2 c\,dr C_L$$
$$dD = \frac{1}{2}\rho U^2 c\,dr C_D \tag{4-5}$$

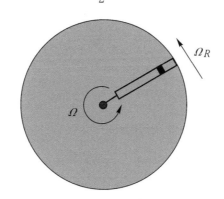

图 4 - 3　旋翼桨盘俯视图

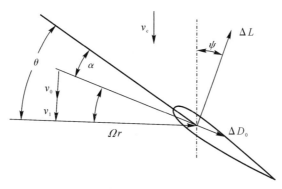

图 4 - 4　桨叶受力图

将升力和阻力分别投影到桨盘法向和桨盘内,得到微元拉力表达式为

$$dT = dL\cos\varphi - dD\sin\varphi \tag{4-6}$$

扭矩为

$$dT = (dL\sin\varphi + dD\cos\varphi)r \tag{4-7}$$

一般来说来流角 φ 很小,虽然在靠近桨根处 Ωr 很小,根据式(4-3),小角度假设不成

立,但此处的桨叶载荷也很小,可以略去。因此,前面的式子可简化为

$$
\left.\begin{array}{l}
U = \Omega r \\
\mathrm{d}T = \mathrm{d}L \\
\mathrm{d}Q = (\varphi \mathrm{d}L + \mathrm{d}D) r
\end{array}\right\} \tag{4-8}
$$

将上式无量纲化,可得

$$
x = r/R \tag{4-9}
$$

$$
\frac{U}{\Omega R} = \frac{\Omega r}{\Omega R} = X \tag{4-10}
$$

$$
\mathrm{d}C_T = \frac{\mathrm{d}T}{\dfrac{1}{2}\rho A (\Omega R)^2} \tag{4-11}
$$

$$
\mathrm{d}C_Q = \frac{\mathrm{d}Q}{\dfrac{1}{2}\rho A (\Omega R)^2 R} \tag{4-12}
$$

$$
\mathrm{d}C_P = \frac{\mathrm{d}P}{\dfrac{1}{2}\rho A (\Omega R)^3} \tag{4-13}
$$

$$
\lambda = \mu_{ZD} = \mu_z + \lambda_i = \frac{v_c + v_i}{\Omega R} = x\varphi \tag{4-14}
$$

λ 是流入比,则桨叶个数为 N 时,拉力变为

$$
\mathrm{d}C_T = N \frac{\dfrac{1}{2}\rho U^2 \cdot c \,\mathrm{d}r \cdot C_L}{\dfrac{1}{2}\rho (\Omega R)^2 \cdot A} = N \frac{\dfrac{1}{2}\rho (\Omega r)^2 \cdot c \,\mathrm{d}r \cdot C_L}{\dfrac{1}{2}\rho (\Omega R)^2 \cdot \pi R^2} = \frac{Nc}{\pi R} C_L x^2 \,\mathrm{d}x \tag{4-15}
$$

拉力系数的定义中包含旋翼桨盘面积,但使用叶素理论时,桨叶面积也应考虑在内。因此,在使用叶素理论的前提下,拉力系数表达式中应包含桨叶面积与桨盘面积的比值,即旋翼实度 s(或 σ)。实度定义为

$$
s = \frac{NcR}{\pi R^2} = \frac{Nc}{\pi R} \tag{4-16}
$$

则式(4-15)变为

$$
\mathrm{d}C_T = s C_L x^2 \,\mathrm{d}x \tag{4-17}
$$

沿桨叶展向积分可得旋翼拉力系数为

$$
C_T = s \int_0^1 C_L x^2 \,\mathrm{d}x \tag{4-18}
$$

则对单片桨叶,微元扭矩的无量纲表达式(使用 x 作为积分变量时,积分上下限会发生变化)为

$$
\mathrm{d}C_{Q1} = \frac{c}{\pi R} (C_L + C_D) x^3 \,\mathrm{d}x \tag{4-19}
$$

对于固定弦长的 N 片桨叶来说,有

$$
\mathrm{d}C_Q = s (\varphi C_L + C_D) x^3 \,\mathrm{d}x \tag{4-20}
$$

沿桨叶展向积分可得扭矩系数为

$$
C_Q = s \int_0^1 (\varphi C_L + C_D) x^3 \,\mathrm{d}x = s \int_0^1 (\lambda C_L x^2 + C_D x^3) \,\mathrm{d}x \tag{4-21}
$$

旋翼需用功率为

$$P = \Omega Q \tag{4-22}$$

其系数定义为

$$C_P = \frac{P}{\frac{1}{2}\rho(\Omega R)^2 A\Omega R} = \frac{P}{\frac{1}{2}\rho(\Omega R)^3 A} \tag{4-23}$$

可观察出 C_P 和 C_Q 的值是相同的(实际上,C_P 即 C_Q 表达式分子分母同乘 Ω)。

本书的功率系数定义中,分母中含有一个"1/2"项,其他一些表达形式中不含此项。很明显,像升力系数一样,这是在动态压力和基准面内的标准表达形式,在该表达形式下,拉力、扭矩和功率系数引入的是桨盘面积。但是,叶素理论突出的是桨叶面积,因此各系数也可定义如下:

$$\left.\begin{aligned}
\frac{T}{\frac{1}{2}\rho(\Omega R)^2 NcR} &= \frac{T}{\frac{1}{2}\rho(\Omega R)^2 A(NcR/A)} = \frac{C_T}{s} \\[2mm]
\frac{Q}{\frac{1}{2}\rho(\Omega R)^2 NcR} &= \frac{Q}{\frac{1}{2}\rho(\Omega R)^2 RA(NcR/A)} = \frac{C_Q}{s} \\[2mm]
\frac{P}{\frac{1}{2}\rho(\Omega R)^3 NcR} &= \frac{P}{\frac{1}{2}\rho(\Omega R)^3 A(NcR/A)} = \frac{C_P}{s}
\end{aligned}\right\} \tag{4-24}$$

该式与旋翼实度定义的初始系数有关。

计算式(4-18)及式(4-21)需知桨叶展向的桨叶切面迎角 α 的分布,以及以 α 为自变量的 C_L 和 C_D 函数,则上述方程式可由数值积分算出。由于 $\alpha = \theta - \varphi$,其分布取决于桨距角 θ 以及由流入比 λ 表示的总诱导速度$(v_C + v_i)$的变化。因此可相应作些简化,得出解析解。在大部分情况下,该解析解精度只会有很小的下降。

4.2　拉力近似解

如果切面迎角 α 是从零升力线开始度量的,且不考虑失速和压缩性效应,拉力系数可线性近似为

$$C_L = a\alpha = a(\theta - \varphi) \tag{4-25}$$

这里 a 为平面升力斜率,其值约为 5.7。Glauert 研究位势流给定升力曲线斜率为 $2\pi/\text{rad}$。由于气流存在黏性效应,因而在允许有所损失的情况下,5.7 这个值更具代表性,且变换后相当于 $0.1/(°)$。为易于计算,式(4-18)可化为

$$C_T = sa\int_0^1 (\theta - \varphi)x^2 \mathrm{d}x = sa\int_0^1 (\theta x^2 - \lambda x)\mathrm{d}x \tag{4-26}$$

桨叶无扭转时,θ 为常数。诱导速度不变(正如简单动量理论中的假设)时,流入比 λ 也是常数。在这种情况下对式(4-26)积分,有

$$C_T = sa\left(\frac{1}{3}\theta - \frac{1}{2}\lambda\right) \tag{4-27}$$

一般情况下,目前所使用的桨叶都有一定的负扭转,即向桨尖方向桨距角逐渐减小,使得桨叶载荷分布逐渐趋于均匀。因此 θ 表示为

$$\theta = \theta_0 - \kappa x \tag{4-28}$$

式中:κ 是整个桨叶从旋翼中心到桨尖的线性扭转系数。引入式(4-28)则拉力系数变为

$$C_T = sa\left(\frac{\theta}{3} - \frac{\kappa}{4} - \frac{\lambda}{2}\right) \tag{4-29}$$

引入 75% 桨叶半径处的桨距角,式(4-28)为

$$\theta_{0.75} = \theta_0 - 0.75\kappa \tag{4-30}$$

则拉力系数为

$$C_T = sa\left(\frac{\theta_{0.75}}{3} - \frac{\lambda}{2}\right) \tag{4-31}$$

式(4-27)中的关系也得到了修正。

因此,线性扭转的桨叶,其 3/4 半径处的拉力系数与桨距角 θ 恒定的桨叶拉力系数相同。

从式(4-27)可看出,旋翼拉力系数是桨距角和流入比的函数。为得到拉力系数和桨距的直接关系,需要移除 λ 项,这需要再次引入由动量定理推导出的拉力和诱导速度之间的关系。

对于悬停时的旋翼,需引入方程(3-12),与式(4-27)联立起来得

$$\left.\begin{array}{l} C_T = sa\left[\dfrac{\theta_{0.75}}{3} - \dfrac{1}{2}\left(\dfrac{1}{2}\sqrt{C_T}\right)\right] \\[4mm] \theta = 3\left[\dfrac{C_T}{sa} + \dfrac{1}{4}\left(\dfrac{1}{2}\sqrt{C_T}\right)\right] \end{array}\right\} \tag{4-32}$$

将式(4-32)用于线性扭转桨叶,θ 取 3/4 半径处的桨距角,容易看出 θ 和 λ 之间的直接关系为

$$\lambda = \frac{sa}{16}\sqrt{\left(1 + \frac{64}{3sa}\theta\right) - 1} \tag{4-33}$$

4.3　非均匀来流

我们一直假设诱导速度在旋翼桨盘上是均匀分布的,这是理想状态。在固定翼问题中,也假设其机翼载荷呈椭圆形,该状态本身就会产生一个均匀的下洗流[32]。考虑非均匀分布影响,我们可将旋翼桨盘分为多个同心的圆环带,这样即可将每个圆环带视为一个升力单元,以便像之前一样应用叶素理论和动量定理。通过将分析限定在一般圆环带,且通过圆环带的下洗流可视为常量,则可取消下洗流的均匀性限定。仅分析悬停状态,且用 λ_i 代替 λ。假定一个半径为 r、宽度为 dr 的圆环带,则由此圆环带产生的拉力可用叶素理论表示为

$$\begin{aligned} dT &= \frac{1}{2}\rho(\Omega r)^2 Nc\,dr\left(\theta - \frac{v_i}{\Omega r}\right) \\ &= \frac{1}{2}\rho\Omega^2 Nc\,dr(\theta r^2 - \lambda_i rR) \end{aligned} \tag{4-34}$$

用动量理论表示为

$$
\begin{aligned}
\mathrm{d}T &= \rho \cdot 2\pi r \mathrm{d}r \cdot v_i \cdot 2v_i \\
&= 4\rho\pi r \mathrm{d}r v_i^2 \\
&= 4\rho\pi r \mathrm{d}r (\Omega R)^2 \cdot \lambda_i
\end{aligned}
\tag{4-35}
$$

两式相等可得

$$
\left.
\begin{aligned}
&\lambda_i^2 + \frac{sa}{8}\lambda_i - \frac{sa}{8}\theta x = 0 \\
&\lambda_i = \frac{-\dfrac{sa}{8} + \sqrt{\left(\dfrac{sa}{8}\right)^2 + \dfrac{sa}{2}\theta x}}{2} \\
&\lambda_i = \frac{sa}{16}\left(\sqrt{1 + \frac{32}{sa}\theta x} - 1\right)
\end{aligned}
\right\}
\tag{4-36}
$$

　　因此,来流分布可由 x 和由式(4-26)得出的拉力函数获得。

　　举一个算例,例如某一线性扭转的桨叶,桨根处桨距角是 $12°$,桨尖处是 $6°$(桨根处切除区在该例中可被忽略不计)。假设旋翼实度(s)是 0.08,升力斜率(a)为 5.7,则 75% 半径处的桨距角 $\theta_{75\%} = 7.5°$。

4.4　稳定下洗流

　　根据方程(4-32),桨叶 3/4 半径处的 θ 为 $7.5°$,则拉力系数 $C_T = 0.009\,1$。再由式(4-36)得出,非均匀分布的 λ 值随桨叶展向的变化如图 4-5 所示。

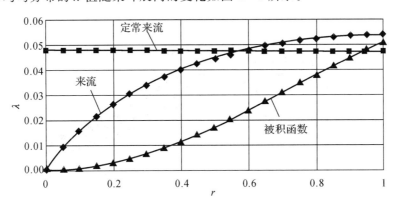

图 4-5　非均匀来流:沿桨叶展向的流入比 λ 及其被积函数($\theta x^2 - \lambda x$)的变化

　　可以直观地看出,图 4-5 的结果与流入比为常值时有很大的不同。不过,在计算式(4-36)时用到的($\theta r^2 - \lambda r$)的取值变化也在图 4-5 中表示了出来,由此积分得出的拉力系数 $C_T = 0.009\,2$。因此,假设均匀来流得出的拉力系数值与该值相比仅低了 1.7%。上述计算结果与 Bramwell 的结论吻合良好,而且证实了在多数,甚至是大多数情况下,均匀来流假设能够满足工程实际的需要。

4.5　理想扭转分布

式(4-36)包含了一种特殊的情况,当 λ 为常量,如果 θx 本身也是个常量,则

$$\theta x = \theta_{TIP} \tag{4-37}$$

式中:θ_{TIP} 是桨尖桨距角。这种非线性的扭转分布物理上在桨根处是不存在的,但是其有意义的地方在于,正如动量理论所述,均匀的诱导速度分布对应于最小的诱导功率损耗,这也让我们再次回想起该状态与固定翼飞机椭圆形载荷分布的类比。式(4-37)所示的扭转被称为理想扭转分布[33],代入式(4-26)得出:

$$C_T = sa \int_0^1 \left(\frac{\theta_{TIP}}{x^2} - \lambda x \right) dx = sa \int_0^1 (\theta_{TIP} - \lambda) x \, dx = \frac{sa}{2} (\theta_{TIP} - \lambda) \tag{4-38}$$

另外,因为来流角 $\lambda = x\varphi = \varphi_{TIP}$,式(4.38)又可写成

$$C_T = \frac{sa}{2} (\theta_{TIP} - \varphi_{TIP}) \tag{4-39}$$

在理想扭矩和 λ 值恒定的情况下,式(4-36)简化为

$$\lambda_i = \frac{sa}{16} \sqrt{\left(1 + \frac{32}{sa}\theta_{TIP}\right)} - 1 \tag{4-40}$$

则 θ 和 C_T 的直接关系为

$$\theta_{TIP} = 2\frac{C_T}{sa} + \frac{1}{2}\sqrt{C_T} \tag{4-41}$$

理想扭转分布和扭转分布桨距角的比较如图4-6所示。

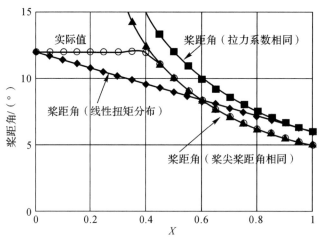

图4-6　理想扭转和线性扭转比较

假设桨叶固定端位于 $r=0$ 处,因实际比较需要,忽略其桨根切除区。假设线性扭转桨叶桨距角是由桨根处的12°到桨尖处的6°变化的。图4-7所示的是一个典型的主旋翼桨叶,可以清楚地观察到其内置扭角。我们来做一个直观的比较,当理想扭转分布具有相同的

桨尖桨距角时,可看出 40% 半径处及以内的桨叶,其桨距角都过大,很不现实。我们可以通过比较具有相同拉力的两片桨叶来获得更加有用的信息。根据式(4-32)和式(4-41)可知,要达到相同的拉力系数,理想扭转的 2/3 半径处和线性扭转的 3/4 半径处的桨距角应当相同,而后者 3/4 半径处的桨距角为 7.5°。因此,理想扭转分布桨尖桨距为

$$\theta_x = \theta_{TIP} = 7.5° \times \frac{2}{3} = 5.0° \tag{4-42}$$

图 4-7　波音"支努干"直升机主旋翼扭转

如图 4-6 所示,当

$$X = 1 - \sqrt{\frac{1}{6}} \approx 0.59 \tag{4-43}$$

这两种扭转分布的桨距角相同。另外,理想扭转分布越靠近桨根,桨距角会越大,不过,在实际中,我们通常选择损失一些诱导功率,使 40% 半径处以内的桨距角保持为一个常值。

4.6　桨叶平均升力系数

很明显,旋翼的性能依赖于桨叶旋转时的升力系数,因此引入一个简单的指标来近似地度量升力系数是十分有用的[34]。桨叶平均升力系数就是这样的一个指标。如果将平均升力系数沿桨叶展向均匀地作用于桨叶,最后得到的总升力与实际桨叶的总升力相同[35]。把平均升力系数写成 $\bar{C}_L$,由式(4-18)得

$$C_T = s\int_0^1 C_L x^2 \mathrm{d}x = s\bar{C}_L \int_0^1 s^2 \mathrm{d}s = \frac{1}{3} s\bar{C}_L \tag{4-44}$$

由此可得

$$\bar{C}_L = 3\frac{C_T}{s} \tag{4-45}$$

之前已经讨论过参数 C_T/s,同时也解释了为什么一些研究人员喜欢使用 C_T/s 作为拉力系数的定义,而不是 C_T。

桨叶的平均升力系数通常在 0.3~0.6 范围内变化,所以典型的 C_T/s 值的变化范围是 0.1~0.2,而典型 C_T 值约是其 1/10,和实度值一样处于 0.1 范围内[36]。

4.7 功率近似解

由式(4-20)可知,微分形式的功率系数 $\mathrm{d}C_P$ 可写成

$$
\begin{aligned}
\mathrm{d}C_{P_i} &= \mathrm{d}C_Q \\
&= s(\varphi C_L + C_D)x^3 \mathrm{d}x \\
&= sC_L \varphi x^3 \mathrm{d}x + sC_D x^3 \mathrm{d}x \\
&= sC_L \lambda x^2 \mathrm{d}x + sC_D x^3 \mathrm{d}x \\
&= \mathrm{d}C_P + \mathrm{d}C_{P_0}
\end{aligned}
\tag{4-46}
$$

式中:$\mathrm{d}C_{P_i}$ 为微分形式的诱导功率系数;$\mathrm{d}C_{P_0}$ 为微分形式的桨叶型阻功率系数。根据式(4-17)可知,式(4.46)的第一项可简化为

$$
\mathrm{d}C_{P_i} = \lambda \mathrm{d}C_T
\tag{4-47}
$$

因此

$$
\mathrm{d}C_{P_i} = \lambda \mathrm{d}C_T + sC_D x^3 \mathrm{d}x
\tag{4-48}
$$

所以

$$
C_P = \int_0^1 \lambda \mathrm{d}C_T \mathrm{d}x + \int_0^1 sC_D x^3 \mathrm{d}x
\tag{4-49}
$$

假设来流是均匀的,翼型阻力系数是常数,我们可得近似值:

$$
C_P = \lambda C_T + \frac{1}{4}sC_{D0}
\tag{4-50}
$$

悬停状态下:

$$
\lambda = \frac{1}{2}\sqrt{C_T}
\tag{4-51}
$$

式(4-50)变为

$$
C_P = \frac{1}{2}(C_T)^{\frac{3}{2}} + \frac{1}{4}sC_{D0}
\tag{4-52}
$$

式(4-50)或式(4-52)中的第一项与简单动量理论[式(4-21)]结果相一致。式(4-14)定义的 λ 包含了由上升速度 v_C 产生的来流(如果有的话),所以,功率系数表达式中也包含了上升功率,即

$$
P_{\mathrm{CLIMB}} = v_C T
\tag{4-53}
$$

悬停或垂直上升时的总诱导功率一般都是型阻功率的2倍或3倍。式(4-50)在实际应用中的主要不足之处是采用了均匀来流假设。Bramwell曾研究过,来流是线性变化的时候,诱导功率大约会增加13%。根据这一结论以及其他一些更小的影响因素,例如桨尖损失(见4.7节),引入一个经验系数 k_i,代入式(4-50)中的第一项,可以得到一个更加实用的方程:

$$
C_P = k_i \lambda C_T + \frac{1}{4}sC_{D0}
\tag{4-54}
$$

式中,k_i 按经验取值1.15。对许多性能计算问题,联立式(4-54)和式(4-27)就可得到足够精度的解。

对于悬停状态,有

$$C_P = k_i \cdot \frac{1}{2}(C_T)^{\frac{3}{2}} + \frac{1}{4}sC_{D0} \tag{4-55}$$

悬停气动效率 M 可写成

$$M = \frac{C_{PIDEAL}}{C_{PACTUAL}} = \frac{(C_T)^{\frac{3}{2}}}{k_i(C_T)^{\frac{3}{2}} + \frac{1}{2}sC_{D0}} \tag{4-56}$$

式(4-56)计算出,当给定一个拉力系数,要想获得较高的悬停气动效率必须降低的值。降低桨盘实度似乎可以直接得到该结果,但是也需取其适中,因为桨盘的实度越低,桨叶面积越小,这意味着产生拉力所需的桨叶迎角就越大,受马赫数或失速的影响,旋翼的型阻也会迅速增大[37]。所以,要想得到行之有效的设计,应当在保证切面迎角低于失速迎角并留有余量的情况下,采用较低的桨盘实度。

为了得到精确的性能分析结果,式(4-18)及式(4-21)需沿着桨叶展向数值积分。积分过程需使用合适的翼型剖面数据,该数据应当能反映可压缩性效应和失速特性。在第 6 章将进一步讨论其数值分析方法。

4.8　桨　尖　损　失

作用盘概念的一个特性是在桨盘外缘仍采用升力的线性理论[38]。如第 2 章所述,假定气流诱导速度,其压力大于周围空气压力,且完全位于桨盘下方被周围静止空气包围的一个明确定义的管流中。但在实际中,由于旋翼是由有限个单独的桨叶组成的,一些气流能够从桨尖之间逸出,被桨尖涡所捕获。于是,总的诱导气流就会比作用盘理论预测的要少,因此,给定旋翼桨距所产生的拉力就会稍小于式(4-27)的计算结果。这种损失被称为桨尖损失,具体表现为靠近桨尖的最后百分之几桨叶展向上的升力迅速下降,正如图 2-28 中桨叶载荷分布所示的那样。

尽管一些研究人员提出了近似解,Bramwell 引用普朗特结论,Johnson 引用 Sissingh 和 Wheatley 的结论,但是桨尖损失仍没有精确的理论解。被总结为公式的一个最常用的办法就是假设桨叶截面 $r = BR$ 以外的部分只产生阻力而不产生升力,则拉力积分公式(4-26)变为(拉力积分上限有变化,有效忽略了桨叶的外缘区域)

$$C_T = sa\int_0^B (\theta x^2 - \lambda x)\,\mathrm{d}x \tag{4-57}$$

因此,对于均匀来流和零扭转:

$$C_T = sa\left(\frac{\theta B^3}{3} - \frac{\lambda B^2}{2}\right) \tag{4-58}$$

B 的值一般取 0.97 或 0.98,对于给定的桨距,式(4-58)计算出的拉力比式(4-27)的小 5%～10%。

计算在给定拉力系数下桨尖损失对旋翼功率的影响时需要考虑到,由于桨盘有效面积减小,因此诱导速度变大。由于桨盘的有效面积按 B^2 的比例减小,诱导速度又和桨盘载荷的二次方根成比例,因此,诱导速度按 $1/B$ 的比例增大。于是,悬停状态下旋翼的诱导功

率为

$$C_{Pi} = \frac{1}{B} \frac{(C_T)^{\frac{3}{2}}}{2}$$

(4-59)

一般来说,诱导功率要增加 2%~3%。在估算方程(4-55)中的经验值 k 时,也可将该值考虑进去[39]。

4.9 悬停特性实例

正如固定翼飞机有特征参数 C_L/α 和 C_D/C_L,悬停状态的直升机有参数 C_L/θ 和 C_P/C_T。用以下的数据来计算一道例题:

桨叶半径/m	R	6
桨叶弦长(常数)/m	c	0.5
桨叶线性扭转角度/(°)	κ	从桨根 12°到桨尖 6°线性变化
桨叶数目	N	4
经验常数	k_i	1.13
桨叶型阻系数(常数)	C_{D0}	0.010

C_T/s 随 θ 的变化如图 4-8(a)所示,图中的非线性来源于式(4-32)中的 $\sqrt{C_T}$ 项。C_P/s 随 θ 的变化分别在以下三种情况下计算得出:

1)$k=1.13$,方程(4-55);

2)$k=1.0$,方程(4-50),简单动量理论结果;

3)悬停气动效率 $M=1.0$,$k_i=1$,$C_{D0}=0$。

如图 4-8(b)所示,用经验系数 $k=1.13$ 计算出来的功率系数比简单动量理论高出 0~9%。$M=1.0$ 的曲线虽然是不切实际的,但是它反映了诱导功率和型阻功率之间的相对比例关系。(旋翼性能曲线有时也会用 C_P/s 比 C_T/s 来绘制,这种图即为悬停极坐标图[40]。)

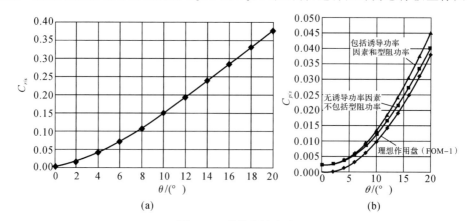

(a)

(b)

图 4-8 悬停特性实验

(a)拉力系数和桨距角图;(b)功率系数和桨距角图

第 5 章 前飞状态下的旋翼工作机理

5.1 前倾的旋翼

水平前飞时，无人直升机旋翼朝来流方向前倾，对于推进器产生推进力而言，这是一种很不自然的状态，如图 5-1 所示。通过引入机械装置，可以解决由此带来的实际困难，但这又增加了旋翼的空气动力学特性的复杂性[41]。

图 5-1 前飞状态下的主旋翼

图 5-2 显示的是从上方观察的桨盘运动状态，桨叶是按照逆时针旋转的，旋转角速度为 Ω，前飞速度为 v，比值 $v/\Omega R$ 被称为前进比，用符号 μ 表示，其中 R 是桨叶半径，μ 通常取值在 0.0～0.5 之间。以下游桨叶作为方位角 ψ 测量的起点：$\psi=0°\sim180°$ 对应于前行桨叶；$\psi=180°\sim360°$（或 $0°$）对应于后行桨叶。

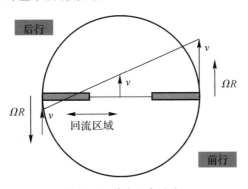

图 5-2 桨盘上各速度

图 5-2 所示是桨叶在 90°和 270°时的位置。这是桨叶相对气流的速度最大和最小的两个地方,其桨尖速度分别是 $(\Omega R+v)$ 和 $(\Omega R-v)$。如果桨叶以固定迎角旋转,由于速度的不同,在前行边产生的升力就会远大于后行边。$\mu=0.3$ 且以固定迎角旋转的桨盘上的等压线分布如图 5-3 所示,此时,前行边所产生的升力大约占总升力的 4/5。这种不平衡必定导致桨叶[42]根部产生巨大的振动弯曲应力,并对无人直升机产生一个很大的滚转力矩,使得无人直升机向后行桨叶方向侧倾。无论是从结构上还是从气动学上讲,这都会导致无人直升机无法飞行。

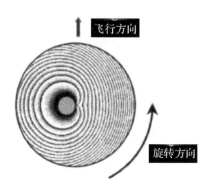

图 5-3 无滚转配平的等压线

很明显,为平衡两边的升力,需要对桨叶迎角进行周期性的改变。若使桨距在桨叶绕方位角旋转时呈正弦曲线变化,至一定值时就会抵消旋翼的滚转力矩[43],则滚转平衡升力分布的等压线如图 5-4 所示。

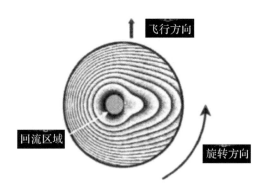

图 5-4 滚转配平的等压线

平均压力降低了,前行边的升力也极大地减小了,后行边的升力也只稍微升高。桨盘的前部和后部承担着主要的升力载荷。通过飞行员操纵系统全面增大桨叶迎角可以在一定程度上提高总升力(见 5.3 节),但是如果这么做的话,能在相对较低的空气流速下提供升力的后行桨叶最终将会导致失速。另外,可压缩效应如激波诱导流分离,在前行桨叶马赫数最高的地方和后行桨叶低马赫数及大迎角的地方都必须加以考虑。由于桨叶载荷的不对称性随着前行速度的增加而增加,后行桨叶的失速及其相关效应决定了无人直升机前飞的最大可能速度。对于传统直升机来说,400 km/h(111 m/s)通常被认为是飞行速度的上限。

　　虽然运用该方法能抵消所有的滚转力矩,但刚性连接到桨毂上的桨叶将会对桨毂产生一个明显的振动力,并传递到整个无人直升机机体。现在已有的技术可解决此问题,普遍采用的是 1923 年左右 Juan de la Cieva 提出的挥舞铰方式。这种桨叶自由铰接在靠近桨根处,绕旋翼轴旋转时可上下挥动。挥舞铰的应用避免了桨叶根部应力的产生,也消除了作用在机身上的滚转力矩。此时,桨叶处于两种力矩的影响之下,升力通过挥舞铰产生一个向上挥舞桨叶的力矩,使得桨叶向脱离机体的方向运动;同时,离心力正好相反,驱使桨叶回到机体方向。在悬停状态下,桨叶位置固定,这两种力相互抵消。图 5-5 是西科斯基 S61NM直升机着陆前的悬停状态。当挥舞铰缓解升力载荷的挥舞力矩,两力矩达到平衡状态时,桨叶轨迹呈锥形。图 5-6 是直升机着陆之后,仅在离心力影响下(重力影响甚小,一般忽略,桨尖承受 $750g \sim 1\,000g$ 向心加速度),旋翼拉力归零、桨盘水平的状态。

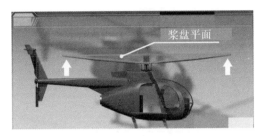

图 5-5　西科斯基 S61NM 直升机降落场景(旋翼锥体)

图 5-6　西科斯基 S61NM 直升机降落后场景(旋翼水平)

　　当旋翼转为水平飞行时,将自行回到图 5-2 所示的状态。桨叶上的入流依赖于其所处相位。桨叶前行边表现为入流增加、升力增加,用以克服离心力矩,所以桨叶向上挥舞。桨叶向上挥舞时,会有一个下降气流叠加到桨叶上,升力又会随之减小,如图 5-7 所示。这种状况会持续到桨叶挥舞到其最高点位置为止。桨叶后行边情况相反,桨叶会挥舞至最低点位置,在 90°和 270°相位角处速度变化最大。可以看到,在非常接近 180°相位时,桨叶挥舞达到最大角度。所得结果是,桨叶在旋翼前方向上挥舞,而在后方向下挥舞,桨盘将向后倾斜。普遍的观点认为,旋翼拉力位于旋翼桨盘的法线方向。现在我们知道,旋翼拉力向后倾,不可能实现前飞。为了能让旋翼提供向前的推进力,桨盘必须前倾,这与桨叶挥舞的自然效应相悖,只能通过变距改变桨叶升力,这就是后面要讨论的周期性变距。

桨距通过变距轴承改变,该轴承通常又被称为变距铰,和飞行员的操纵系统连接在一起(见 5.3 节)。

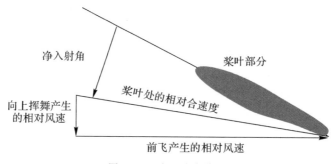

图 5-7　流入速度分量

桨盘速度不对称性还有一个特征,就是在后行边存在一个区域,在这个区域内通过桨叶的气流实际上是反向的。在 270° 相位角、翼展方向 r 处的合速度为

$$U = \Omega r - v \tag{5-1}$$

或者无量纲化表示为

$$u = \frac{U}{\Omega r} = x - \mu \tag{5-2}$$

因此在桨叶 $x = \mu$ 处以内,气流是反向的。此返流区是在 270° 相位处以 $x = \frac{\mu}{2}$ 为中心、μ 为直径的圆。在此区域内,气流的动压是比较低的,因此对桨叶升力影响很小,在前进比高至 0.4 的情况下,通常可以忽略不计。对于要求非常精确的计算是需要考虑返流区的,而且,其对于研究桨叶的振动也非常重要。一些先进的旋翼理念要求降低旋翼转速,这使得返流区域变成旋翼桨盘的一个重要部分。

挥舞的桨叶在旋转过程中会在桨盘平面内产生哥氏力矩,为了抵消这个力矩,通常是在垂直于桨盘平面的方向安装第二个铰链——摆振铰,以允许桨叶在桨盘平面内自由摆动。此摆振铰需要与阻尼器一起安装以保证动态稳定性。

一个标准的铰接式桨叶具有三个可动部分——挥舞铰、摆振铰和变距铰,并按照适当的方式将这三个铰链布置在桨叶的内侧,其基本原理如图 5-8 所示。

卡曼直升机采用稍有区别的系统,其桨距由旋翼后缘的伺服挥舞系统进行控制。该伺服系统的偏离程度由飞行员操纵,并通过产生一个动量使得桨叶能够柔性弯曲以改变桨距。图 5-9 是卡曼 K-Max 多用途直升机,图 5-10 是"海妖"直升机。

严格来说,桨叶根部的弯曲应力和无人直升机的滚转力矩[44],只有当挥舞铰安装在旋翼转轴处时才可被消除。对于多于两片桨叶的旋翼来说这是不现实的,因此,仍有残余的力矩存在,但只要铰链距离转轴很近,这一现象就并不严重,也属于正常现象。基于这一原因,挥舞铰一般被安装在最内侧,距离转轴 3%～4% 桨叶半径处。摆振铰和变距轴承的布置就较为灵活,有时把摆振铰布置在最外侧。铰接方式对桨叶动态行为有显著影响,且当变距轴承被放置在挥舞铰或摆振铰的内侧时,将会产生运动学耦合效应。

　　铰接式旋翼的机械结构是相对复杂的。铰接轴承是在高离心载荷的情况下工作的,因此,维修和保养工作非常苛刻。铰接轴承、阻尼器和操纵杆组成了体积庞大的桨毂,并将产生很大的附加阻力——可能与无人直升机的其他部分所产生的附加阻力相当。

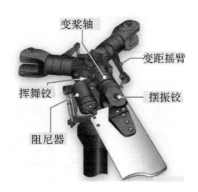

图 5 - 8　铰接式旋翼原理

图 5 - 9 卡曼 K-Max 多用途直升机(Stewart Penny)

图 5 - 10　卡曼"海妖"直升机(美国海军提供)

在现代的旋翼中,挥舞铰和摆振铰通常被一些柔性元件所代替,这些柔性元件允许桨叶挥舞和摆振,但相对自由铰接又具有一定的刚性。采用这种"无铰式旋翼",桨根应力和扭转力矩又重新出现,虽然有所缓和,但也足以改变无人直升机的稳定性和控制特性(见第9章)。对柔性挥舞元件的特性计算可等同于具有较大偏置(10%~15%)的铰接式桨叶的计算。应用无铰式旋翼是减少桨毂附加阻力的一种方式。但和铰接式旋翼一样,变距轴承仍是控制无铰式旋翼必不可少的装置。阿古斯塔·韦斯特兰公司的"山猫"直升机的无铰式旋翼桨毂如图5-11所示。

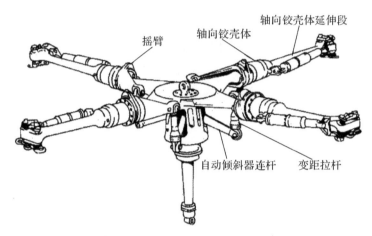

图5-11 阿古斯塔·韦斯特兰公司的"山猫"直升机主旋翼桨毂

(阿古斯塔·韦斯特兰直升机公司提供)

5.2 挥 舞 运 动

为了更加全面地研究挥舞运动,除了特别说明的以外,都假定挥舞铰[44]位于旋转轴上。这在不产生任何重大影响的情况下简化了分析。

如图5-12所示,挥舞运动发生在气动升力(激励函数)、离心力("弹簧"或约束力)和桨叶惯性力(桨叶挥舞运动产生的气动升力变化,表现为阻尼形式)的动态平衡条件下。或者说,这一圈一次的挥舞运动是一个共振的动态系统。挥舞力矩方程如下:

$$\int_0^R mrr^2\beta\mathrm{d}r = \int_0^R r\mathrm{d}T - \int_0^R m\beta r^2\Omega\mathrm{d}r \qquad (5-3)$$

稍后我们将继续讨论这一方程。

离心力是到目前为止作用于桨叶上的最大的力,其产生的力矩为挥舞运动提供了必要的稳定性——从本质上来说,其作用相当于弹簧,挥舞稳定性在无人直升机悬停时最好(挥舞角是常数),并且随着前进比的增大而减小。Bramwell通过对挥舞运动方程的研究得出结论,对于所有实际可行的 μ 值,挥舞运动都是动态稳定的。

对正常前飞来说,在气流合速度最大和最小的两个地方,即相位角分别为90°和270°的时候,挥舞速度达到最大。最大位移发生在最大速度90°相位之后的地方,即180°(向上)和

0°(向下)的时候。可以看到,挥舞运动的固有频率与旋翼转动频率非常接近。这很接近共振条件,会产生一个接近的 90°相位滞后(零铰接偏移时,滞后相位恰好为 90°)。快共振时,空气动力会产生一个阻尼,使得共振不至于失控。正如之前所述,这意味着,桨尖旋转所形成的平面,即桨尖轨迹平面(Tip Path Plane,TPP),相对于旋翼轴的法向平面,即转轴法向平面(Shaft Normal Plane,SNP),是向后倾斜的。

悬停状态下,桨叶相对 SNP 以一固定角度 α(锥度角)向上倾斜。在前飞状态,锥度角的存在对 TPP 的位置存在附加影响。如图 5-13 所示,由于锥度角的存在,前飞速度 v 在 180°(前行桨叶)处使桨叶升力增加,而在 0°(后行桨叶)处使桨叶升力减小。这种升力的不对称,相对于前面讨论的侧向不对称,具有 90°的相位差,其影响就是使 TPP 向侧面倾斜,同时由于 TPP 倾斜的最低点比最小升力点滞后 90°相位,因此,TPP 在前行边方向向下方倾斜,从上面观察旋翼逆时针旋转则 TPP 向右倾斜,旋翼锥度角和桨盘倾斜角通常不超过几度。

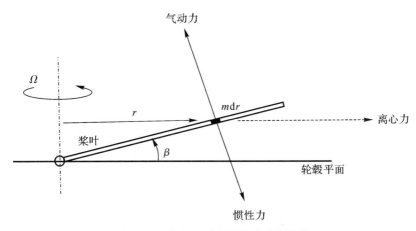

图 5-12　挥舞运动中的桨叶受力情况

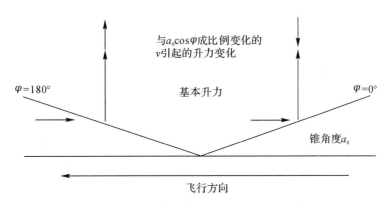

图 5-13　导致侧向倾斜的纵向升力不对称性

由于在任何稳态情况下,旋翼的挥舞运动都是周期性的,因此,挥舞角可以用以下傅里叶级数表示:

$$\beta = a_0 - a_1\cos\psi - b_1\sin\psi a_2\cos2\psi = b_2\sin2\psi \cdots \tag{5-4}$$

不同教科书在符号和其法则使用上都是不同的。回顾旋翼飞机产生的历史,以旋翼桨盘向后倾斜为基准,谐波量为负,系数和 a_1 和 b_1 是正值。大多数情况下,可以只保留级数的常数项和一阶谐波项——代表了锥形旋翼和桨盘倾斜,即

$$\beta = a_0 - a_1\cos\psi - b_1\sin\psi \tag{5-5}$$

该形式将被用于下一章的空气动力学分析中。此处标记为

1)a_0 是锥度角;

2)a_1 是桨盘向后倾斜角度;

3)b_1 是侧向倾斜角度。

二阶或者更高阶的谐波量会造成 TPP 的不稳定(平面波动),但是二阶以上的通常不予考虑。在进一步的分析中将会用到 β 的时域导数,由于旋转角速度 $\Omega = \mathrm{d}\psi/\mathrm{d}t$,因此:

$$\dot{\beta} = \Omega\frac{\mathrm{d}\beta}{\mathrm{d}\psi} = \Omega(a_1\sin\psi - b_1\cos\psi)$$

$$\ddot{\beta} = \Omega^2\frac{\mathrm{d}^2\beta}{\mathrm{d}\psi^2} = \Omega^2(a_1\cos\psi + b_1\sin\psi) \tag{5-6}$$

将 β 作为桨叶相位 ψ 角的函数进行转换,使得解更有意义也更有用,同时也抵消了很多扩展项。

5.3　旋　翼　操　纵

在飞行状态下对无人直升机的操纵包括改变旋翼拉力的大小、拉力作用线,或二者同时改变[45]。事实上,几乎所有的操纵工作都落在对主旋翼的控制上,这也是我们所关注的(主旋翼控制起伏,颠簸/倾斜,摇摆/滚转,尾桨或类似装置控制偏航)。改变拉力作用线,原则上是通过相对机身倾斜旋翼转轴或者桨毂来实现的。由于旋翼是靠发动机驱动的(与自转旋翼[46]机不同),因此倾斜旋翼轴是不可行的,曾经试图用 Cierva W9 实现。在某些设计下,倾斜桨毂是可行的,但需要很大的操纵力,因此这种方法只能用于很小的无人直升机上。而使用变距装置,通过整体性或者周期性地改变桨叶桨距角,就能有效改变空气动力,从而最终改变旋翼拉力的大小和方向。

桨叶变距可以通过很多种方法实现。Saunders11 列出了几种可能的方法,如气动伺服调整片、尾桨、射流控制的喷气襟翼或与桨距相链接的控制陀螺仪等。

然而,最常用的方法是使用自动倾斜器(NFP 是无变距平面,这将在后续章节介绍),图 5-14 是总桨距操纵示意图,图 5-15 是周期性变距操纵示意图。自动倾斜器被安装在旋翼轴上,由两个平行的星形盘组成,下方的盘不随旋翼轴旋转(滑动盘或不旋转星形盘),但是可由飞行员的周期性操纵杆控制其向任何一个角度倾斜,或者由总距杆控制其上升或下降。上面的盘(蜘蛛盘或旋转星形盘)通过操纵杆与桨叶上的变距铰相连接,随旋翼轴一起转动,并通过轴承装置与下面的盘始终保持平行。当提起总距杆时,所有桨叶增大相同倾角(见图 5-14);当倾斜操纵杆时,星形盘随之倾斜一个角度,由此引起桨叶周期性变距(见图 5-15),且各桨叶相对于上方的星形盘来说始终保持一个固定的角度。

图 5-16 是一个典型的 Saunders Roe Skeeter 直升机驾驶员座舱操纵系统布局图,属

于非常简单的早期设计。在双驾驶控制舱中,飞行员通常坐在右手边的座位上。在总距杆和周期操纵杆的基础上再加上其他控制系统,这使得大多数现代无人直升机结构更加复杂,但其本质上都是一样的。

总桨距

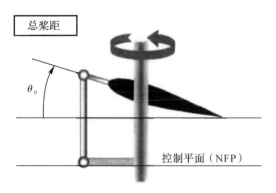

图 5 - 14　自动倾斜器原理图(总桨距)

周期性变距

图 5 - 15　自动倾斜器原理图(周期性变距)

图 5 - 16　Saunders Roe Skeeter 直升机的驾驶员操纵系统

在发动机转速一定的情况下,增大桨叶总距即增大了旋翼拉力(不包含失速情况),因此一般用于起飞和垂直飞行操纵。周期变距时,TPP 在自动倾斜器的作用下倾斜一个角度,由于拉力垂直于 TPP,因此拉力作用方向改变。

桨毂的设计在细节方面有很多不同,如图 5-17(a)~(k)所示。图 5-17(a)是最简单的桨毂,贝尔 Jet Ranger 直升机主旋翼桨毂,称双叶跷跷板型;图 5-17(b)是西科斯基 S-61N 上使用的典型的铰接式旋翼;图 5-17(c)是阿古斯塔·韦斯特兰"灰背隼"(Merlin)直升机,是全铰接式现代旋翼,桨毂位于机体顶部,图上可分辨的部分包括挥舞铰和弹性摆振铰、变距铰外壳、摆振阻尼器、桨距操纵杆及双负载路径桨叶连接器;图 5-17(d)是"灰背隼"(Merlin)直升机桨毂,由图中可看到其桨叶链接方式,以及类似于水平销插入槽中的防止桨叶下垂和挥舞的固定装置,同时,也可在图中观察到主旋翼桨叶可折叠装置,该图清楚地反映了桨毂安装的复杂性;图 5-17(e)是韦斯特兰 WG30(安装了阻尼减振器)的半刚性旋翼;图 5-17(f)是每个桨叶都安装了阻尼减振器的 MBB BO 105 桨毂;图 5-17(g)是 Bell 412 桨毂的现代铰链结构,也装有阻尼减振器;图 5-17(h)是欧洲直升机公司"松鼠"(Ecureuil)直升机的星形柔性(Starflex)旋翼;图 5-17(i)显示了共轴旋翼系统的复杂性,卡莫夫公司"蜗牛"(Helix)直升机,其旋翼轴上有两对反向旋转的三桨叶旋翼;作为对比,西科斯基 S61NM 直升机的尾桨如图 5-17(j)所示;"灰背隼"(Merlin)直升机的尾桨如图 5-17(k)所示。

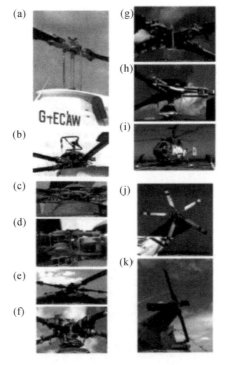

图 5- 17 直升机桨毂

(a)贝尔 Jet Ranger 直升机主旋翼桨毂;(b)西科斯基 S-61 N 直升机主旋翼桨毂;(c)阿古斯塔·韦斯特兰"灰背隼(Merlin)"直升机主旋翼桨毂;(d)阿古斯塔·韦斯特兰"灰背隼(Merlin)"直升机主旋翼桨毂;(e)韦斯特兰 WG30 直升机半刚性桨毂;(f)MBB BO 105 直升机主旋翼桨毂;(g)Bell 412 直升机主旋翼桨毂;(h)欧洲直升机公司"松鼠"(Ecureuil)直升机星形柔性(Starflex)主旋翼桨毂;(i)卡莫夫 "蜗牛"(Helix)直升机共轴旋翼装置(美国海军提供);(j)西科斯基 S61NM 直升机尾桨;(k)阿古斯塔·韦斯特兰"灰背隼(Merlin)"直升机尾桨

图 5-18 是现代双驾直升机驾驶舱内部视图。主旋翼和尾桨的操纵和桨叶的连接都不尽相同,这是缘于其不同的气动环境要求。对于主旋翼来说,其桨叶连接是均衡的,所以挥舞运动就不会对桨距产生影响。而对于尾桨来说,由于其操纵几何特性不同,会在桨叶挥舞和变距之间产生一个耦合效应,有时这也会被称为 D3 铰。

图 5-18　阿古斯塔·韦斯特兰"灰背隼(Merlin)"直升机驾驶员座舱

　　总距杆在座位下方、右座驾驶员的左手边位置;操纵杆在驾驶员的正前方双膝间。脚蹬用来控制尾桨的总距(这也是正常情况下唯一控制尾桨的地方),安装尾桨的目的是平衡主旋翼产生的力矩,或者用来改变直升机的航向。

　　主旋翼的周期变距使桨叶的角度相对于 SNP 随着方位角的变化而变化。每旋转一周变化一次,这种周期性意味着桨距角可用傅里叶级数表示,如同挥舞角的表达形式,即

$$\theta = \theta_0 - A_1\cos\psi - B_1\sin\psi - A_2\cos2\psi - b_2\sin2\psi \tag{5-7}$$

　　自动倾斜器的结构设计只允许桨距角每周期改变一次,因此通常只需要保留常数项和一阶谐波量,即

$$\theta = \theta_0 - A_1\cos\psi - B_1\sin\psi \tag{5-8}$$

　　常数 θ_0 是总距,含有 ψ 的项表示周期性变化的桨距。A_1 被称为横向周期系数,其使得桨叶在 0°和 180°相位处桨距最大,由于旋翼定相 90°响应,因此其对旋翼有横向操纵影响。相对应地,参数 B_1 被称为纵向周期系数。

　　如果选择的参照面不同,则桨距角的取值也会不同。在任何飞行情况下,总存在一个面,相对于该面的桨距角不随相位角而改变。从定义上来看,该平面就是自动倾斜器的倾斜盘平面,也被称为控制平面,或者,由于相对于该面不存在周期变距,因此又被称为无变距平面(NFP)。尽管 NFP 不是固定在无人直升机上的,但它为测定空气动力特性提供了一个有用的、可调整的基准,这将在下一章中进行讨论。

　　某些情况下还会用到 TPA 轴和 NFA 轴,它们分别垂直于桨尖轨迹平面(Tip Path Plane,TPP)和 NFP,而不是机体本身。通常,在前飞状态下,这两个轴和主旋翼轴都不垂直于飞行方向(即飞行路径方向)。图 5-19 显示了通常情况下它们之间的位置关系。拉力向飞行方向倾斜,TPP 与其垂直,并且在前部相对于水平线(飞行方向)向下倾斜。TPA,也就是拉力线,如图 5-19 所示,与垂直方向有一定夹角。比较而言,主旋翼轴相对于垂直方向更加倾斜,其与 TPA 的夹角即挥舞运动所产生的后倾角度。主旋翼轴与 NFA 的夹角取决于无人直升机运动时的变距角。

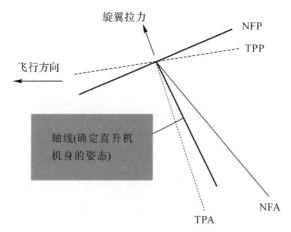

图 5 - 19   前飞时各轴线的可能布局

5.4   等效挥舞和变距

旋翼桨叶的性能取决于其与 TPP 之间的迎角,对于给定的桨叶迎角,可以通过不同的挥舞和变距相互作用得到,图 5 - 20 所示是其两种情况。

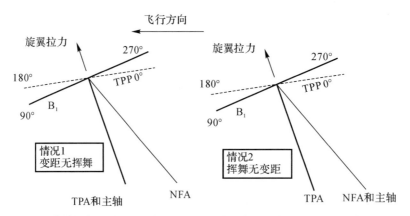

图 5 - 20   等效挥舞和变距(图中所示的是相位 90°和 270°平面上以及垂直于该平面
相位 0°和 180°平面上的桨叶弦向姿态)

图 5 - 20 的观察点在无人直升机左侧,前飞方向如图所示。在第一种情况下,主旋翼轴和 TPA 重合,因此无挥舞运动,根据式(5 - 9),可由桨叶变距计算得到所需的桨叶迎角。图 5 - 20 中还给出了桨叶在旋转过程中四个等分点处的姿态情况。在第二种情况下,旋翼轴和 NFA 重合。根据定义,这意味着桨距为零。根据式(5 - 5),桨叶迎角由挥舞运动获得。由此可见,如果变距和挥舞系数 B_1 和 A_1 相等,在以上两种情况中,桨叶相对于桨尖轨迹平面的姿态在任何相位角下都是相同的。通过自倾,桨叶向下变距和向上挥舞所产生的角度相同。

在实际飞行中,驾驶员也会用到这种等同效应,比如,当重心(Center of Gravity,CG)在不同位置的情况下调整直升机平衡。旋翼升力的大小和方向取决于桨尖轨迹平面的倾斜度及其相应的桨叶迎角。由上面讨论可知,同样的桨叶迎角可以通过相同程度的向上挥舞或向下变距,或二者共同作用来获得。在不同的重心情况下,驾驶员通过使用操纵杆调整二者之间的关系以达到直升机各种不同的俯冲和爬升运动。主旋翼轴与垂直方向之间的角度,即直升机的空间姿态,根据重心位置的不同而不同,但是桨尖轨迹平面与飞行方向的夹角始终保持不变。

5.4.1　桨叶漂移

如前所述,旋翼桨叶[47]的挥舞运动,原则上是由气动升力和挥舞铰的离心力矩的平衡所决定的,而这两个力都取决于旋转速度的二次方,因此在静止大气条件下,桨叶的挥舞运动在任意旋转速度时都能保持平衡。但风速较高时,如在船舶上,这种平衡可能会出现扰动。在任意无人直升机出动时,桨翼必须从静止加速自转至一定的速度(交战),再减速直至停止(停战)。在这一系列动作以低速收尾时,离心力矩会减到很小,但气动力矩因逆风原因会有所增大,同时桨叶也会出现额外的挥舞角。这就是所谓的桨叶漂移,又或者,由于其对上部尾梁的潜在危害,也称其为尾梁冲击。

5.4.2　哥氏加速度

如前所述,无人直升机旋翼在前飞时必须达到平衡。桨盘前行边和后行边之间的差异是由桨毂上挥舞铰的组成所决定的。挥舞运动引入了一个与旋转系统也就是桨毂有关的参量,这就是哥氏加速度[48]。

如图 5 - 21 所示,圆盘上有一径向方向随其旋转,且产生了一个垂直于径向的(切线方向)速度。

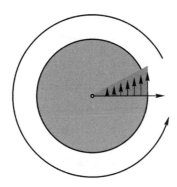

图 5 - 21　旋转系统

该速度随着离圆盘中心距离的增大而增大,所以任何沿该径向(并且仍在此线上)移动的点在它远离圆盘中心时,都必须获得这个持续增加的切向速度。很明显,若此运动是朝着圆盘中心径向向内的,则此切向速度必然减小。因此得出,由旋转系统引发的径向运动需要一个大小变化的切向速度——加速度,这就是哥氏加速度原理。此加速度需要有适当的切向力,但在许多情况下,切向力并不存在,因此该运动不能保持在径向线上,实际上它会漫无目的地漂移到相反的方向。

哥氏原理可见于很多情况,其中之一就是存在于世界各地的伴随着低气压的旋转风。图 5-22 显示了地球的一个低气压地区,气流正向其移动。此低压位于北半球,且朝着北极方向向内运动的气流将会向着地球转轴的方向运动。该运动受制于哥氏效应,由于没有驱动力,气流将朝着向东的方向移动。相反地,反向北极运动的气流将会向着西方运动。这样,就会产生一个旋转气流。在北半球,气流会绕低压区域逆时针旋转,而在南半球正好相反。

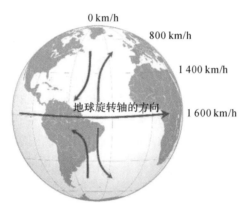

图 5-22 科氏效应对气候的影响

图 5-23 显示了一个典型的旋翼桨叶挥舞运动。桨叶围绕挥舞铰的转动使桨叶上任意一点存在沿径向向内或向外的运动,该运动与桨叶位置及其挥舞运动有关。实际上,对该运动的分析表明,哥氏效应与挥舞角和挥舞速率之积成正比,即

$$\text{Coriolis} \propto \beta\dot{\beta} \tag{5-9}$$

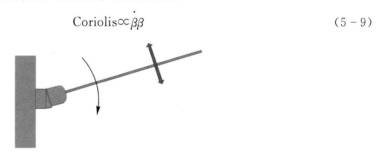

图 5-23 桨叶挥舞铰

一般来说,挥舞振荡会叠加在呈锥形的旋翼上。这意味着哥氏效应对有大锥角的旋翼来说会更加显著。

5.4.3 摆振运动

旋翼桨叶的挥舞运动会在桨叶上产生一个哥氏应力分布,并沿着其长度,产生一个平行于主旋翼轴的合力矩(见图 5-23)。该力矩将会使桨毂结构发生振动,而对该振动我们必须加以避免。可以通过安装合适的铰接机构使得桨叶在旋翼自身平面旋转。这种桨叶运动就是所谓的摆振(见图 5-24),瞬时桨叶位置与桨叶笔直向外时的夹角被称为摆振角[49](见图 5-25),记作 ζ。

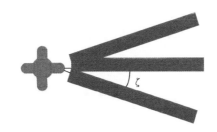

图 5 - 24　桨叶摆振运动

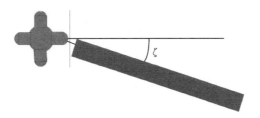

图 5 - 25　桨叶摆振角定义

5.4.4　摆振频率

桨叶摆振运动是处于离心力而不是桨叶挥舞运动的影响之下,而这两自由度的力臂有着很明显的区别,如图 5 - 26 所示。

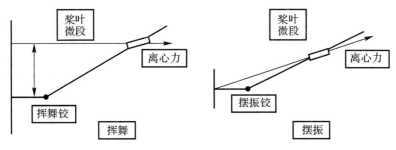

图 5 - 26　挥舞和摆振运动的恢复力臂

由于相较于挥舞运动来说,摆振运动的恢复力臂明显要小,也就是说,对于离主旋翼轴相同的铰接偏移来说,固有摆振频率比挥舞频率要小。这两个频率(旋翼速度已标准化)为

$$\left.\begin{aligned} \lambda_\beta &= \sqrt{1+\frac{3e}{2}} \\ \lambda_\zeta &= \sqrt{\frac{3e}{2}} \end{aligned}\right\} \tag{5-10}$$

式中:e 是相对旋翼半径标准化后的铰接偏移量。对于有铰接偏移的这两个频率的变化如图5 - 27 所示。

要注意的是,对于给定挥舞铰,其挥舞频率总比零偏移时大,可通过倾转旋翼以实现挥舞铰零偏移。然而,对于零铰接偏移,摆振频率位于挥舞频率之下且等于 0。这意味着对摆振铰来说,必须总是存在一个偏移量,否则旋翼将不能绕轴旋转。实际上,摆振频率小于挥舞频率,使得无人直升机可能会受到"地面共振"的影响,这一现象产生的原因将在 5.4.6 节阐述。

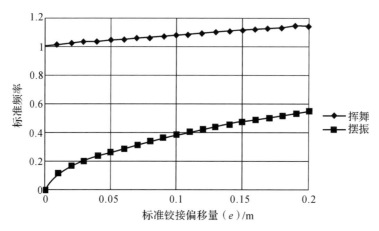

图 5 - 27　挥舞和摆振频率变化

5.4.5　桨叶柔性

在之前的讨论中,我们都假定旋翼桨叶是刚性结构,通过自由铰接或挠曲结构连接在桨毂上。事实上,一直以来桨叶都是具有柔性且能扭曲的。桨叶在明显的张力作用下虽然能保持一个基本的刚直形状,但复杂的气动环境仍会引起其弹性弯曲。桨叶如何做到这一点,本书不作解释。桨叶的自然模式经常被作为定义桨叶柔性[50]的基础,且被认为分别独立于挥舞、摆振和扭转运动(非耦合模式),或者同时独立于以上三种运动(耦合模式)。正如之前所讨论的,对于在旋翼控制中应用桨叶弯曲原理的 K-Max 直升机和"海妖"直升机来说,这种扭转至为重要。桨叶的行为与其设计紧密相关,并且通过研究,我们已经很好地避免了耦合模式问题。现代桨叶设计使用的桨叶模式,连同挥舞、摆振和扭转因素一起考虑,用以加强桨叶的气动性能。这种有效的桨叶结构特性的应用被称为"气动弹性修正"。

5.4.6　地面共振

每个桨叶都安装摆振铰装置,意味着桨毂将变得更为复杂,会需要额外的维护,也会增大桨毂的质量和阻力。推导出这些很容易,但是要推导出其摆振气动特性就比较困难了。首先哥氏效应连接桨叶挥舞和摆振运动,这将会在机械整体振动的影响下导致这两种运动的耦合。另外,这也可能会导致桨叶间摆振运动各不相同。若这种情况发生,那么旋翼,包括桨叶部分,其中心将与重心不重合。这将会导致振动力的产生,假如无人直升机还位于地面上,还会同时引发非常严重的问题。无人直升机起落架由于在着陆时必然被压缩,因此其必须有一定的轴向实度,以起到弹簧的作用。起落架实度会引起机体自身振动,其振动频率由起落架实度和机体自身惯性力矩决定。此时,无人直升机自身有一定的固有频率(机体靠起落架支撑),且非均匀的桨叶摆振运动也会产生一定的振动力叠加在机体自身运动之上。这是非常典型的现象,若振动力频率非常接近机体固有频率,就会形成共振条件。无人直升机则会导致地面共振,该现象存在一定的潜在危险,且所有欲装配部队的新型无人直升机在获得飞行许可证之前都必须接受此项评估。

图 5-28 显示了控制机体在地面上的固有频率及由不均匀桨叶摆振运动所产生的力的基本特征。当桨毂上的驱动频率非常接近机身位于起落架上的固有频率时,将会产生共振。

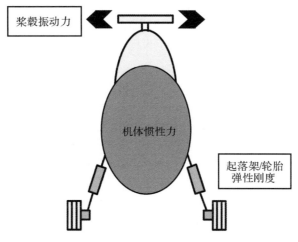

图 5-28　地面共振因素

无人直升机起落架有多种形式,图 5-28 只是其中一种。该起落架由弹簧和阻尼器组成,且直接连接到轮子和轮胎上。由于轮胎充气膨胀,后者才有了弹簧和阻尼特性。弹簧效应形成了机体频率,而阻尼特性则表现为抑制所有潜在的地面共振,这种地面共振的抑制特性非常关键,将在后续章节中讨论。

1.地面共振的简单分析

地面共振的分析非常复杂,最简单的模式是只考虑旋翼以及 CG 位置。更简单的方式是将每个桨叶视作质量集中的质点,且通过质量可忽略的杆与摆振铰相连。将每片桨叶看作其质心比较便于计算,地面共振的简单模型如图 5-29 所示。

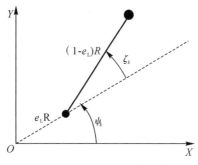

图 5-29　地面共振的简单模型

如图 5-29 所示,第 k 片桨叶连接到桨毂(适当的摆振铰)上,桨毂自身相位角为 ψ_k。桨叶自身处在向前摆振位置,摆振角为 ζ_k,此桨叶摆振运动定义为

$$\zeta_k = \zeta_0 \cos\lambda_\zeta \psi_\zeta \tag{5-11}$$

式(5-11)表达的是,相对旋翼速度最大振幅为 ζ_0 和周期频率为 λ_ζ 的简谐运动(Simple Harmonic Motion,SHM)。将此摆振运动代入桨叶质点处,第 N 片桨叶的质心可被计算出来。这种分析方法相对直接,并且,如果将桨叶视为单个质点,由该方法得出的运动轨迹就像花瓣一样,如图 5-30 所示。

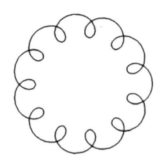

图 5-30 桨叶质心运动轨迹

尽管前面解释了重心运动,但并没有多大帮助,因此对于特殊质点,可将上述结论视为两个相同质点的运动。其径向位置和周期频率如下:

	质点 1	质点 2
径向位置	$\dfrac{r_g \zeta_0}{2N} S_{+1}$	$\dfrac{r_g \zeta_0}{2N} S_{-1}$
周期频率	$(\lambda_\zeta + 1)\Omega$	$(\lambda_\zeta - 1)\Omega$

其中,S 为

$$S_\pm = \frac{\sin[(\lambda_\zeta \pm 1)\pi]}{\sin[(\lambda_\zeta \pm 1)\pi/N]} \tag{5-12}$$

使用无量纲摆振频率的 S 的变化如图 5-31 所示。当该频率大于旋翼速度,被称为前进频率,说明该质点相对旋翼旋转,且与旋翼旋转方向相同。当其沿旋翼反方向运动时,此频率又被称为后退频率。

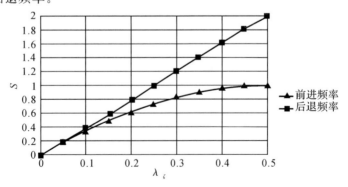

图 5-31 旋转质点的径向位置

图 5-32 是摆振铰标准偏移量 0.1 的结果。旋翼有四个桨叶,两个质点分别在 2 点和 8 点钟方向上。旋翼 CG 位于两点之间,由于两质点相等,因此位于中点。

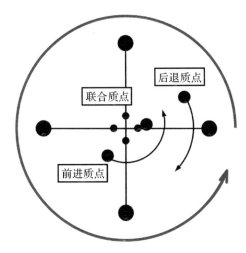

图 5-32　旋翼上两个相同的质点

2. 机体运动的简要分析

如图 5-33 所示,其中的简单模型只能分析旋翼的固有频率。若只需计算能引起共振的旋翼速度,这样模型就足够用了。但其不能对减振阻尼的必要性给出任何说明。对最精确的计算来说,需要一个 5/6 满自由度的模型,图 5-33 所示的单一自由度模型已能在旋翼摆振、机体频率和阻尼值对整个机体稳定性影响方式方面给出非常有用的结论。

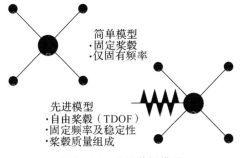

图 5-33　地面共振模型

各参数变量见表 5-1。

表 5-1　地面共振输入参量

参　　量	MATLAB 中变量名称	值
静态旋翼摆振频率	wl0	5.22
机体频率/(rad·s⁻¹)	wy	12
摆振铰偏移量/m	e	1.22

续表

参　　量	MATLAB 中变量名称	值
旋翼半径/m	r	6.4
桨叶质量/kg	bladm	24.80
桨叶数量	nblad	4
机体质量/kg	fusm	500

图 5-34 是整个无人直升机系统的频率随旋翼转速变化的示意图,这与简单模型得出的曲线形状非常相似,但也有很大的不同。首先,在旋翼转速较低时,转速和频率变化像是互相交换了特性,这在两个非耦合系统(桨叶摆振和机体运动)连接时比较常见。另外,更重要的是,在 35 rad/s 旋翼转速时,两个回归模型曲线相交,这在只考虑固有频率的简单分析模型中是不可能发生的。如图 5-35 所示,在 35 rad/s 旋翼转速区间无阻尼系统表现出极大的不稳定性(正实数部分),而在其他旋翼转速区间,则表现出一定的阻尼。

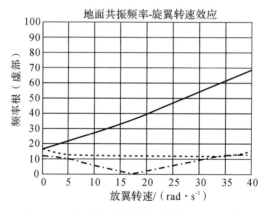

图 5-34　基本频率随旋翼转速的变化(虚部)

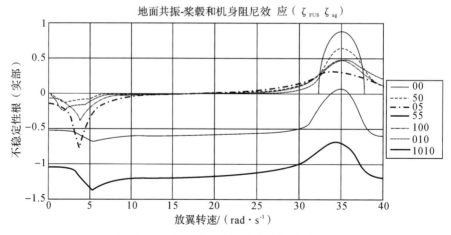

图 5-35　稳定性随旋翼转速的变化(实部)

3.阻尼效应

由上述分析可知,无人直升机仍存在不稳定性的潜在威胁,必须加以抑制。通过在无人直升机机体的数个部分安装阻尼装置可以实现这一目标,为了全面抑制地面共振,还必须满足几个特定的要求,现通过起落架给桨毂和机体施加一系列阻尼来说明。

图 5-35 也显示了给旋翼摆振(图示框中右手栏)和机体(图示框中左手栏)加上阻尼之后的效果,若只给其中之一加上阻尼,则不稳定性依旧;若两者同时加上阻尼,则可达到降低不稳定性的效果。对以上结论,Coleman 和 Keingold 在文献中已提出过。若 ζ_{FLS} 是机体阻尼率,ζ_{ROT} 是旋翼阻尼率,则稳定性必须满足以下条件:

$$\zeta_{FLS}\zeta_{ROT} \geqslant h > 0 \tag{5-13}$$

这两个阻尼值必须为正,若其中一个等于零,则稳定性条件不满足。因此,这两个阻尼之间必须达到一个均衡条件,但这并不容易实现。

根据图 5-36,我们可看到旋翼转速对旋翼桨毂质量的影响。对简单模型来说,桨毂是固定的,因此,可假定机体静止,并与旋翼相互独立。旋翼横向移动时对机体振动的影响可通过有效桨毂质量来表现。本书对该系统的分析采用基于能量的方法。因此,机体分析也包括研究其动能变化来体现,这就需要研究机体运动的行为特征,若只考虑机体滚转运动,则重心运动即是摆动和滚转角的合运动。因此,存在一个点,使得旋翼绕其有效旋转,该点支配着机体气动力和旋翼桨叶摆振运动的相互作用。图 5-36 显示了有效桨毂质量越小,地面共振运动越不稳定。图 5-37 显示了旋转中心位于机体不同高低位置的两种情况。对于给定旋转圈数,中心位置越低桨毂运动越剧烈。若桨毂质量能反映整个机体动能,则越剧烈的桨毂运动将会引发更低的有效桨毂质量。同理,越剧烈的桨毂运动会使得桨叶摆振和起落架上机体运动之间的相互影响加剧。因此,桨毂质量越小,反馈值越大,同时也更不稳定。

图 5-38 说明了机体频率越高,则不稳定性越大。图 5-39 显示了桨叶摆振频率效应,以及摆振刚度越高,系统越稳定。因此,对于半刚性旋翼系统,需要较小的阻尼值来确保其稳定性。图 5-40 所示曲面给出了一系列摆振和机体阻尼值对机体稳定性的影响,该曲面形状是式(5-14)定义规则的另一种表示方法。

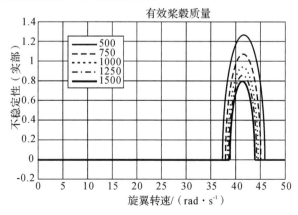

图 5-36　稳定性变化——有效桨毂质量影响

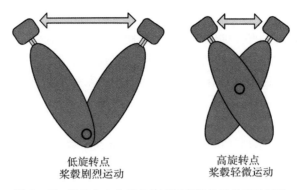

低旋转点
桨毂剧烈运动

高旋转点
桨毂轻微运动

图 5-37　旋转中心位于机体不同高低位置的两种情况

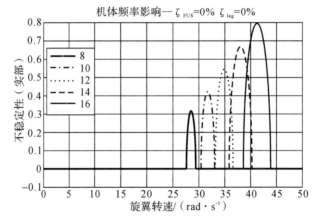

图 5-38　稳定性变化——机体频率影响

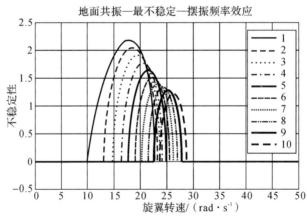

图 5-39　稳定性变化——摆振频率影响

在新型无人直升机设计的原型阶段,我们通常需要核实其不受地面共振的影响。在过去,无人直升机通常被拆除机壳以达到总质量最轻,这是应用了无人直升机越轻地面共振越大的结论。然后,通过缆索穿过机身上的加强点,将无人直升机固定在某一装置上——该装置被称为抓取装置。随着旋翼速度渐增,飞行员操纵周期变距杆来触发桨叶挥舞及摆振运动。然后,通过监测系统观察无人直升机的行为来判定其不稳定性。该过程需要在旋翼转速变化区间和总距变化区间再重复一次,以明确起落架载荷得到降低。还应考虑到不稳定情况的存在,因此需用类似液压千斤顶的制动装置将缆索拉紧。该装置增大了机体自身频率,并使得机体脱离后退摆振模式。抓取装置的典型原理如图 5-41 所示,箭头表示机体可能的连接点。

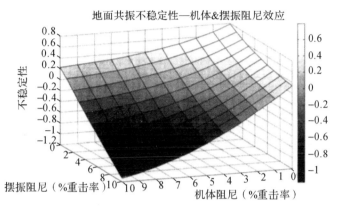

图 5-40　稳定性变化——机体和摆振阻尼影响

预测技术和监测仪器水平已有了显著进步,无人直升机可通过监测时域上机体或旋翼桨叶运动来直接避免地面共振。给定无人直升机地面共振稳定条件,则可迅速分析得出相对于旋翼转速的稳定性变化情况。图 5-42 显示了其中一种可能的变化情况,曲线趋向坐标轴变化的行为说明了其初始不稳定性。

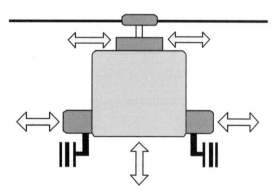

图 5-41　抓取装置

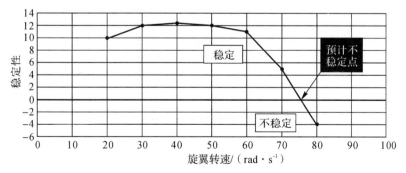

图 5-42　初始地面共振定位示意图

第6章　前飞状态下的旋翼空气动力学

6.1　动量理论

当旋翼开始获得前飞速度时,叠加诱导速度和任意轴向飞行速度,会使进入旋翼的气流速度增加。与此同时,由于该气流是以一定的倾斜角度靠近旋翼桨盘的,因此,作用盘原理[51]应用于任何前飞状态时都必须考虑到该问题。前飞状态下作用盘理论的流管形状如图6-1所示。

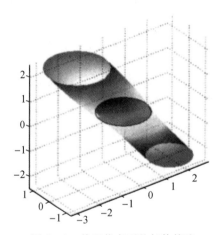

图6-1　前飞状态下的气体管流

Glauert提出前飞状态下的作用盘理论建模,此模型基于下述条件:

(1)使用流管定义。

(2)质量流计算所用面积为整个桨盘区域。这一点与矩形桨叶的升力线理论相一致。在该模型中,动量计算面积是以机翼长度为直径的圆盘面积。

(3)诱导速度方向与桨盘平面相垂直。

(4)在尾迹远处,诱导速度是旋翼桨盘处的两倍,与轴向飞行时相同,方向也垂直于桨盘平面。

前飞状态下动量理论中的气流方向和各速度分量如图6-2所示。

旋翼处的所有气流速度如下:

(1)桨盘上方,气流为水平方向;

(2)桨盘处,诱导速度矢量叠加到前飞速度上;

（3）桨盘下方，两倍的诱导速度矢量叠加到前飞速度上。

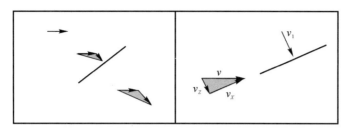

图 6-2 前飞状态下动量理论中的气流方向和各速度分量

在上述第二种状态中，如图 6-2 所示，进入旋翼桨盘的质量流为

$$\rho A \sqrt{v_X^2 + (v_z + v_i)^2} \tag{6-1}$$

则垂直于旋翼桨盘的动量增量为

$$\rho A \sqrt{v_X^2 + (v_z + v_i)^2} \cdot 2v_i \tag{6-2}$$

该值与旋翼拉力相等，因此得到下式：

$$v_i = \frac{T}{2\rho A} \cdot \frac{1}{\sqrt{v_X^2 + (v_z + v_i)^2}} \tag{6-3}$$

将此方程标准化，从而引入前进比：

$$\lambda_i = \frac{T}{2\rho A} \cdot \frac{1}{v_T^2} \cdot \frac{1}{\sqrt{\mu_X^2 + (\mu_z + \lambda_i)^2}}$$

$$= \frac{C_T}{4} \cdot \frac{1}{\sqrt{\mu_X^2 + (\mu_z + \lambda_i)^2}} \tag{6-4}$$

拉力系数相关性可通过标准化前进比分量来表示，而诱导速率可由悬停标准诱导速度 λ_{i0} 表示：

$$\lambda_{i0} = \sqrt{\frac{T}{2\rho A}} \tag{6-5}$$

则

$$\left.\begin{array}{l} \bar{\mu}_X = \dfrac{\mu_X}{\lambda_{i0}} \\[2mm] \bar{\mu}_z = \dfrac{\mu_z}{\lambda_{i0}} \\[2mm] \bar{\mu}_i = \dfrac{\mu_i}{\lambda_{i0}} \end{array}\right\} \tag{6-6}$$

因此，式（6-4）变为

$$\bar{\lambda}_i = \frac{1}{\sqrt{\bar{\mu}_X^2 + (\bar{\mu}_z + \bar{\lambda}_i)^2}} \tag{6-7}$$

也可写为

$$\left(\frac{1}{\bar{\lambda}_i}\right)^2 = \bar{\mu}_X^2 + (\bar{\mu}_z + \bar{\lambda}_i)^2 \tag{6-8}$$

因此,对于给定的下洗流,诱导速度位于基平面(μ_T,μ_s)的给定平面上,式(6-8)定义了一个圆:

$$\left.\begin{array}{l} 圆心 \Rightarrow (-\bar{\mu}_Z, 0) \\[2mm] 半径 \Rightarrow \dfrac{1}{\bar{\lambda}_i} \end{array}\right\} \tag{6-9}$$

由式(6-8)定义的面如图6-3所示。

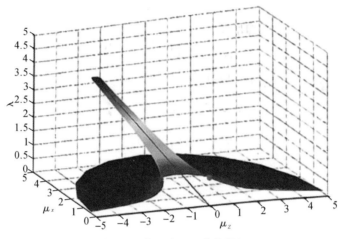

图6-3　作用盘理论数值模拟

该图不仅说明了无人直升机轴向飞行的形状,也显示了其前飞效应。当前飞速度增加时,下降速率逐渐减弱,并直至消失。此图给出了作用盘理论的数值解,但在实际中,前飞速度的作用是为消除旋翼桨盘涡流提供了另外一种方法途径。

在通常的情况下,我们都是通过前进比分量和旋翼拉力来确定下洗流的值。假设使用标准化速度值,这就意味需要求解式(6-7)。

其中一种求解方式为迭代方法,先假定一个值$\bar{\lambda}_i$代入式(6-7)的右边,这样会得到一个修正值,该方法适用于$\bar{\mu}_x$项主导的高速情况。但在低速时,可能需要多次迭代才能收敛到一个既定精度范围的值。在悬停状态下,这可能永不收敛,除非开始假定的即为最终正确解。Hansford对式(6-7)所示的方法进行了修正,即

$$\bar{\lambda}_i - \frac{1}{\sqrt{\bar{\mu}_X^2 + (\bar{\mu}_z + \bar{\lambda}_i)^2}} = 0 \tag{6-10}$$

这是应用牛顿-莱福逊法得出的关于($\bar{\lambda}_i$)方程根等于0的解。该方程得出以下迭代方式:

$$\lambda_i \Leftarrow \bar{\lambda}_i - \frac{\bar{\lambda}_i - 1/\sqrt{\bar{\mu}_X^2 + (\bar{\mu}_z + \bar{\lambda}_i)^2}}{1 + (\bar{\mu}_z + \bar{\lambda}_i)/[\bar{\mu}_X^2 + (\bar{\mu}_z + \bar{\lambda}_i)^2]^{3/2}} \tag{6-11}$$

虽然计算复杂了,但是在整个速度区间都能实现迭代收敛。式(6-10)经二次方整理后有

$$\bar{\lambda}_i^4 + 2\bar{\mu}_z \cdot \bar{\lambda}_i^3 + (\bar{\mu}_x^2 + \bar{\mu}_z^2) \cdot \bar{\lambda}_i^2 - 1 = 0 \tag{6-12}$$

该四次方程会给出四个解,舍去其中的一对共轭复数解,剩下两个真解的符号相反。由

于诱导速度总为正,因此负解也被舍去,只剩下唯一真解。该计算所得到的一系列 μ_X 和 μ_Z 值如图 6-4 所示。

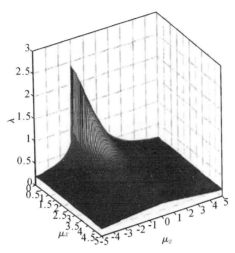

图 6-4　四次方程数值解

6.2　下 滑 运 动

如图 6-5 所示,其曲面形状与图 6-4 大致相同,最主要的区别是在中速下降的涡环状态区域其前飞速度低至零。这里,数值解有一个跳变,这也并非完全错误。其特性中最明显的错误可能是由于指定了一个固定的诱导速度值[52],所用原理决定了这一点,但是,正如之前所讨论过的,这与实际情况不符。因此,需要定义一个区域用以划分那些可以通过作用盘理论(ADT)精确处理的飞行状态,以及那些需要使用其他方法处理的状态,所以引入涡环状态边界,此边界取决于旋翼清除由旋翼桨盘产生的涡流的能力。若整体前进比为

$$\overline{\mu} = \sqrt{\overline{\mu}_X^2 + (\overline{\mu}_Z + \overline{\lambda}_i)^2} \qquad (6-13)$$

这就是通过旋翼桨盘的标准合速度,且是驱散涡流的主要因素。Nesman 等在此方面的研究得出,该速度有一定的临界值,其边界由下式定义:

$$\overline{\mu}_{CRIT} = \sqrt{\overline{\mu}_X^2 + (\overline{\mu}_Z + \overline{\lambda}_i)^2} \qquad (6-14)$$

此方程假设前行和垂直速度可完全有效地驱散涡流。但是,Drees 在 Perry 研究的基础上实现的气流可视化表明,前飞速度分量并不能很有效地驱散涡流。

另外,Brand 也对所有垂直分量进行了相似的修正。由此,修正后的边界定义变为

$$\overline{\mu}_{CRIT} = \sqrt{k_1^2 \cdot \overline{\mu}_X^2 + k_2^2 \cdot (\overline{\mu}_Z + \overline{\lambda}_i)^2} \qquad (6-15)$$

整理得到

$$\overline{\mu}_Z + \overline{\lambda}_i = \pm \frac{\sqrt{\overline{\mu}_{CRIT}^2 - k_1^2 \cdot \overline{\mu}_X^2}}{k_2}$$

$$\overline{\mu}_Z = \pm \frac{\sqrt{\overline{\mu}_{CRIT}^2 - k_1^2 \cdot \overline{\mu}_X^2}}{k_2} - \overline{\lambda}_i \qquad (6-16)$$

将式(6-16)代入式(6-7)得到

$$\bar{\lambda}_i = \frac{1}{\sqrt{\bar{\mu}_X^2 + \frac{1}{k_2^2}(\bar{\mu}_{CRIT}^2 - k_1^2 \cdot \bar{\mu}_X^2)}} \tag{6-17}$$

$$= \frac{k_2}{\sqrt{\bar{\mu}_X^2(k_2^2 - k_1^2) + \bar{\mu}_{CRIT}^2}}$$

给定下列值：

$$\left.\begin{array}{l} \bar{\mu}_{CRIT} = 0.74 \\ k_1 = 0.65 \\ k_2 = 0.9 \end{array}\right\} \tag{6-18}$$

求解式(6-16)和式(6-17)。

数值解以及 VRS 边界如图 6-5 所示。

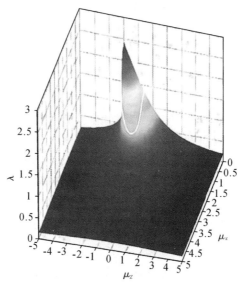

图 6-5　数值解以及 VRS 边界

　　正如看到的,边界线像项链一样环绕着我们所关注的区域。由于边界确定,则在边界外的区域可应用 ADT,但边界内则需另行讨论。在边界区域内,涡流占主导地位,需要使用更精确的理论来求解,或者引入实验数据,也就是一开始使用的方法。无论是实验还是详细理论分析(见第 4 章)都证明了 Glauert 假设的适用性。

　　在实践中,诱导速度在整个桨盘区域不可能保持恒定。经典翼型理论指出,在翼型前缘存在一定速度的上洗气流,而在机翼后缘有大于平均气流量的下洗气流。考虑到这一变化,Glauert 提出了另外一个方程：

$$v_i(x,\phi) = v_{i0}(1 + Ex\cos\phi) \tag{6-19}$$

式中：v_{i0} 是由式(6-3)计算得出的中心速度；x 是由原点引出的无量纲半径；ϕ 是相位角。若常数 E 取值大于 1.0(一般取 1.2),则方程会得到负数解,对应的是前行边($\phi = 180°$)的

上洗流。式(6-19)通常被作为数值计算的输入。当 E 取 1.2 时,下洗流分布如图 6-6
所示。

　　该分布图是一个倾斜的平面,且圆盘前端为负值。要验证该下洗流模型,可使用涡环更
细致地建模,假设这一系列涡环被倾斜堆叠放置,如图 6-7 所示。

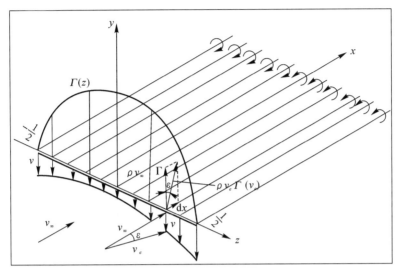

图 6-6　Glauert 下洗模型

图 6-7　硬币堆叠式的涡环几何形状

　　下洗流变化结果如图 6-8 所示,可以看到,受旋翼桨盘最外缘涡环的局部影响,其分布
脊线也处于靠近圆盘的边缘区域。

图 6-8　下洗流变化

关于前飞状态下非均匀诱导速度的计算,现已有了很多更精确的方法,最早的方法之一由 Mangier 和 Squire 提出,后经 Bramwell 详细论述,该方法与实验结果拟合良好,并被广泛应用于旋翼计算中。根据 Glauert 的平均诱导速度方程[式(6.3)],诱导功率为

$$P_i = Tv_i = \frac{T^2}{2\rho A \sqrt{v_X^2 + (v_Z + v_i)^2}} \qquad (6-20)$$

在正常前飞速度情况下,诱导功率可近似为

$$P_i = Tv_i = \frac{T^2}{2\rho A v} = T\left(\frac{T}{A}\right)\frac{1}{2\rho v} = \frac{T\omega}{2\rho v} \qquad (6-21)$$

诱导功率与桨盘载荷 w 成正比。量纲化后,式(6-20)的第一个等式可简化为

$$C_{Pi} = \lambda_i \cdot C_T \qquad (6-22)$$

式中:λ_i 等于 $v_i/\Omega R$。采用下标"i"来表示前飞状态的总诱导气流,该诱导气流由拉力决定的诱导速度 v_i 引发,区别于前飞速度 V 引发的气流。

对悬停来说,可通过引入经验参数 k,近似表示 v_i 的非均匀效应以及获得其他较小的校正系数,即

$$C_{Pi} = k_i \cdot \lambda_i \cdot C_T \qquad (6-23)$$

其前飞状态下取值 1.20,略高于悬停状态下的取值 1.15。因此,如图 6-5 所示,即使是在中速前飞时,其诱导速率也很小。这也体现了在所需的总功率中,诱导功率远比其他部分所占的比例小。

6.3 尾 迹 分 析

6.3.1 掠角

转动和前飞速度的叠加使得通过无人直升机旋翼桨盘区域的入流[53]分布变得十分复杂,会在旋翼桨叶某一点、某一相位角下产生入流角,即掠角。本节推导掠角等值线的闭形方程。

1. 等值线推导

用单位半径将旋翼尺寸标准化,同理,用桨尖速度标准化旋翼桨盘上的各速度分量。因此,桨叶上任意一点都可用标准化半径(x_{RAD})和相位角 ψ 来表示,由速度分量定义的当地掠角如图 6-9 所示。

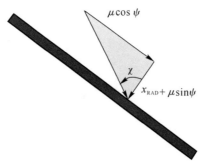

图 6-9 由速度分量定义的当地掠角

由图(6-9)可知,掠角定义如下:

$$\tan\chi = \frac{\mu\cos\psi}{x_{\mathrm{RAD}} + \mu\sin\psi} \tag{6-24}$$

为明确等值线方程,我们采用如下坐标系(见图6-10):X 轴(横坐标)位于由前飞速度引起的入流方向,即向着尾翼的方向,Y 轴(纵坐标)朝向旋翼右侧。此坐标系下的标准旋翼半径(x_{RAD})和相位角关系(旋翼极坐标与笛卡尔坐标系的转换)如图 6-11 所示。

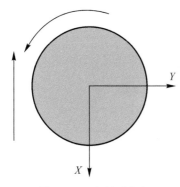

图 6-10 坐标系定义

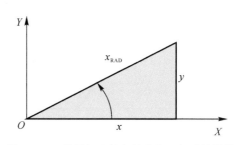

图 6-11 旋翼极坐标与笛卡尔坐标系的转换

转化方程为

$$\left.\begin{aligned} x_{\mathrm{RAD}} &= \sqrt{x^2 + y^2} \\ \cos\psi &= x/x_{\mathrm{RAD}} \\ \sin\psi &= y/x_{\mathrm{RAD}} \end{aligned}\right\} \tag{6-25}$$

将式(6-25)代入式(6-24),整理得

$$x_{\mathrm{RAD}} + \mu \cdot y/x_{\mathrm{RAD}} = \mu \cdot \cot\chi \cdot x/x_{\mathrm{RAD}} \tag{6-26}$$

因此:

$$x^2 + y^2 - \mu \cdot \cot\chi \cdot x + \mu \cdot y = 0 \tag{6-27}$$

圆的一般方程为

$$(x+g)^2 + (y+f)^2 = c^2 \tag{6-28}$$

圆心为

$$(-g, -f) \tag{6-29}$$

半径为

$$r = c \tag{6-30}$$

从式(6-27)~式(6-29)可得等值线轮廓圆心位于:

$$\left(\frac{\mu}{2} \cdot \cot\chi, -\frac{\mu}{2}\right) \tag{6-31}$$

半径为

$$\sqrt{\left(\frac{\mu}{2} \cdot \cot\chi\right)^2 + \left(-\frac{\mu}{2}\right)^2} \tag{6-32}$$

可简化为

$$\frac{\mu}{2} \cdot \csc\chi \qquad\qquad (6-33)$$

2.几何构图

掠角等值线的几何构图如图 6-12 所示。

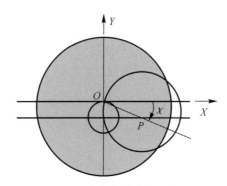

图 6-12　掠角等值线的几何构图

首先,画一条平行于飞行方向(x)的直线,且垂直距离为前进比的一半,该直线实际上经过回流区域的中心;其次,从原点 O(旋翼中心)引出一条射线,与横坐标夹角等于掠角等值线定义的 χ,它与第一条线交于点 P,以点 P 为圆心,OP 为半径画圆,其在旋翼桨盘之内的部分(单位圆)即为所求的等值线。取前进比为 0.25,则等值线如图 6-13 所示。

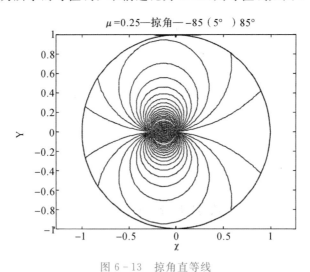

图 6-13　掠角直等线

研究控制掠角等值线的方程,可得到如下结论:

(1)掠角等值线是圆;

(2)0°掠角等值线是前行桨叶($\psi=90°$)和后行桨叶($\psi=270°$);

(3)90°掠角等值线是回流区域的边界线;

(4)所有经过回流区域的掠角等值线,掠角保持不变,但气流方向相反。

6.3.2　桨叶物流的交互作用

结合第 3 章悬停状态下对旋翼尾迹的概述,本章对前飞状态下旋翼尾迹的细节分析将其复杂性归结为:在指定半径处,随着相位角的不同,其桨叶迎角以及气流流量都有很大程度的不同[54]。每循环一周,产生的反向涡流就会融入尾迹中,由于整个圆周都会改变,所以此情况下的涡流线是沿着翼展方向的。由翼展方向的周期变化来看,前飞状态的尾迹是悬停时的尾迹和每次循环产生涡流的叠加。

尽管该尾迹具有多样性和复杂性,由技术人员开发的现代计算技术仍能够为此提供满足精度的解,且技术在逐年进步,其中不得不提的是 Miller,Piziali 和 Landgrede。现代计算机技术使旋翼分析变成了现实。图 6-14 显示了 Landgrebe 的一个算例,在低前进比的情况下,对理论尾迹边界和注烟实验结论以及 Glauert 动量定理结果进行对比,数组解和实验结果吻合良好。需要注意的是,在桨盘前端,尾迹边界比较靠近桨盘。在较高前进比的情况下,前飞状态的尾迹更具代表性,上述特性以及向后掠的尾迹都能够更明显地被观察到。

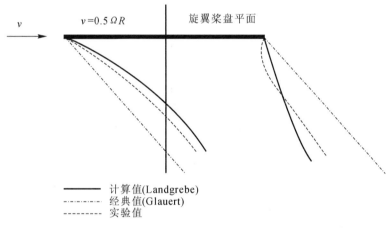

图 6-14　低前进比情况下的尾迹边界(基于 Lanlgrebe)

6.4　叶素理论

6.4.1　引入的参数

本节对叶素理论的介绍依然遵循直升机悬停飞行时的主线(第 3 章),不过,同时也考虑了前飞状态的复杂性。我们将从前飞状态所引入的参数开始介绍。

图 6-15 显示了旋翼桨盘的侧面图——一个浅的圆锥体。假设直升机向左平飞,也就是说没有爬升。靠近桨盘边缘的面[55],即桨尖轨迹平面(Tip Path Plane,TPP),其与来流方向夹角为 r,r 向下为正,因为这是获得能保持前飞状态向前分拉力的自然倾斜方向。我

们用小角度近似的方法来计算。前飞速度 v 在沿着 TPP 和 TPP 法线方向上有分速度 $v\cos\alpha$ 和 $v\sin\alpha$,则前进比为

$$\mu=\frac{v\cos\alpha_r}{\Omega R}\approx\frac{v}{\Omega R} \qquad (6-34)$$

与前面相同,通过旋翼的总来流是 $v\sin\alpha$ 和与拉力相关的诱导速度 v 之和。

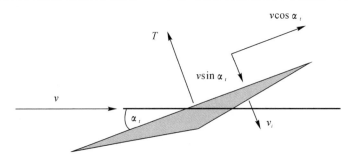

图 6-15　旋翼桨盘的侧面图

由图 6-16 可知,桨叶某部分的合速度 U 为旋翼转速(即旋翼相位角)、无人直升机前飞速度、诱导速度以及桨叶挥舞运动的函数。桨盘上 U 的分速度分别是 U_T 和 U_R,如图 6-16 所示。

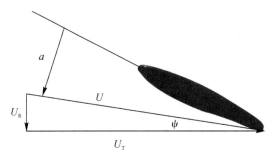

图 6-16　速度 U_T 和 U_R

U_T 和 U_R 由定义得一阶表达式为

$$\left.\begin{array}{l}U_T=\Omega_r+V\sin\psi\\U_R=V\cos\psi\end{array}\right\} \qquad (6-35)$$

或者,无量纲化为

$$\left.\begin{array}{l}\mu_T=x+\mu\sin\psi\\\mu_R=\mu\cos\psi\end{array}\right\} \qquad (6-36)$$

U_P 有三个部分,无量纲化表示如下。

(1)入流参数:

$$\lambda=\frac{v\sin\alpha_r+v_i}{\Omega R}\cdot\mu\alpha_r+\lambda_i \qquad (6-37)$$

(2)U_R 速度分量,挥舞角为 β,在桨叶法线方向的分速度为 βu_R 或者(见图 6-17):

$$\beta u_R=\beta\cdot\mu\cos\psi \qquad (6-38)$$

(3)挥舞角运动部分,在翼展方向 r 处为

$$r\frac{\mathrm{d}\beta}{\mathrm{d}t}=r\frac{\mathrm{d}\beta}{\mathrm{d}\psi}\cdot\frac{\mathrm{d}\psi}{\mathrm{d}t}=r\Omega\frac{\mathrm{d}\beta}{\mathrm{d}\psi} \tag{6-39}$$

综合桨叶速度,无量纲化为

$$\frac{1}{\Omega R}\left(r\Omega\frac{\mathrm{d}\beta}{\mathrm{d}\psi}\right)=\frac{r}{\Omega R}\Omega\frac{\mathrm{d}\beta}{\mathrm{d}\psi}=\frac{r}{R}\frac{\mathrm{d}\beta}{\mathrm{d}\psi}=x\frac{\mathrm{d}\beta}{\mathrm{d}\psi} \tag{6-40}$$

因此,将上述三式合起来为

$$\mu_P=\lambda+\beta\mu\cos\psi+x\frac{\mathrm{d}\beta}{\mathrm{d}\psi} \tag{6-41}$$

当挥舞角很小时,合速度 U 可近似地等 U_T。桨叶迎角可写为

$$\alpha=\theta-\phi=\theta-U_P/U_T=\theta-\mu_P/\mu_T \tag{6-42}$$

可以发现,θ 和 φ 的值都取决于参照面的选择,而桨叶的实际迎角却与参照面的选择无关,因此,$(\theta-u_P/u_T)$ 的值对于参照面而言也是独立的。

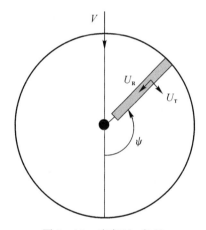

图 6 - 17 速度 U_T 和 U_R

6.4.2 拉力

按照第 3 章悬停状态的分析思路,对单个桨叶 r 处的微元拉力系数写为

$$\mathrm{d}C_{\mathrm{TBLADE}}=\frac{\frac{1}{2}\rho U^2\cdot c\,\mathrm{d}r\cdot C_L}{\frac{1}{2}\rho\cdot\pi R^2\cdot(\Omega R)^2}=\frac{c}{\pi R}\frac{U_T^2}{(\Omega R)^2}C_L=\frac{\mathrm{d}r}{R} \tag{6-43}$$

对于 N 个桨叶来说,引入实度因子 s,无量纲化为

$$\mathrm{d}C_T=s\cdot\mu_T^2 C_L\,\mathrm{d}x \tag{6-44}$$

线性表示 C_L 为(即桨叶未失速)

$$C_L=a\alpha=a\left(\theta-\mu_P-\mu_T\mu_P\right)\mathrm{d}x \tag{6-45}$$

则式(6 - 44)变为

$$\mathrm{d}C_L=sa(\theta\mu_T^2-\mu_T\mu_P)\mathrm{d}x \tag{6-46}$$

悬停状态下,可以令 $u_T = x$,$u_P = \lambda$。但是在前飞状态中,对于 u_T,u_P 和桨距角 θ,它们是相位角 ψ 的函数。因此,拉力微元必定是平均分布在各相位上并沿桨叶方向积分。首先在各相位上对其进行求平均很容易,把旋翼拉力系数写成以下形式:

$$C_L = \int_0^1 sa \left[\frac{1}{2\pi} \int_0^{2\pi} (\theta \mu_T^2 - \mu_T \mu_P) \, \mathrm{d}\psi \right] \mathrm{d}x \tag{6-47}$$

从括号内部对其进行扩展,引入第 5 章中挥舞角 β 的表达式:

$$\beta = a_0 - a_1 \cos\psi - b_1 \sin\psi \tag{6-48}$$

由此,还可以写出:

$$\frac{\mathrm{d}\beta}{\mathrm{d}\psi} = a_1 \sin\psi - b_1 \cos\psi \tag{6-49}$$

对于桨距 θ 也可近似傅里叶展开[式(4-9)],但是,总存在一个面,即自倾面或无变距平面(NFP),相对于此面 θ 保持恒定。为了便于计算,将该平面作为参照面,因此 $\theta = \theta_0$,不随相位角而改变,与悬停状态时的分析过程一样,假设无扭转桨叶,给定 θ_0 值在翼展方向恒定。对于拉力微元进行相位平均需要用到以下结论:

$$\left. \begin{array}{l} \int_0^1 \sin\psi \, \mathrm{d}\psi = 0 \\[2mm] \int_0^{2\pi} \cos\psi \, \mathrm{d}\psi = 0 \\[2mm] \int_0^{2\pi} \sin\psi \cos\psi \, \mathrm{d}\psi = 0 \\[2mm] \int_0^{2\pi} \sin^2\psi \, \mathrm{d}\psi = \pi \\[2mm] \int_0^{2\pi} \cos^2\psi \, \mathrm{d}\psi = \pi \end{array} \right\} \tag{6-50}$$

分解式(6-49),可以得到

$$\frac{1}{2\pi} \int_0^{2\pi} \theta u_T^2 \, \mathrm{d}\psi = \frac{1}{2\pi} \int_0^{2\pi} \theta_0 (x + \mu \sin\psi)^2 \, \mathrm{d}\psi$$

$$= \theta \left(x^2 + \frac{1}{2} \mu^2 \right) \tag{6-51}$$

同时

$$\frac{1}{2\pi} \int_0^{2\pi} u_P u_T \, \mathrm{d}\psi = \frac{1}{2\pi} \int_0^{2\pi} (\lambda + \beta\mu\cos\psi)(x + \mu\sin\psi) \, \mathrm{d}\psi = \lambda r \tag{6-52}$$

代入 β 和 $\mathrm{d}\beta/\mathrm{d}\psi$ 后,消除其他项,再进行积分,最后可得

$$C_T = \int_0^1 sa \left[\theta_0 \left(x^2 + \frac{1}{2} \mu^2 \right) - \lambda x \right] \mathrm{d}x$$

$$= Sa \left[\frac{1}{3} \theta_0 (1 + 3\mu^2/2) - \frac{1}{2} \lambda \right] \tag{6-53}$$

式(6-53)是前飞状态下,升力系数最简单的表达式,且是基于第 3 章悬停状态下桨盘诱导速度平均分布、沿翼展方向的实度 s 为常数以及扭矩为零的假设基础上的。和前面讨论的相同,对一线性扭转桨叶,如果 θ 取值 3/4 半径处,则式(6-53)适用。当然,在式(6-53)中,θ 和 λ 是以无变距平面为参照面的。Bramwell 推导出的拉力表达式更为复杂,且是

以桨盘坐标(即桨尖轨迹平面)为参照面的,但是由于在公式转换的前提假设下,实际精度需求的拉力不会随着这两个参照面的不同而改变,因此,这一转换也只是形式上的而已,式(6-53)依然是一个通用的公式。

6.4.3　桨盘平面内的 H 力

在悬停状态下,H 力一般表现为旋翼阻力,只会产生扭矩。由于桨叶合速度为 $\Omega r + v\sin\psi$[式(6-35)],桨叶前行边阻力在数值上大于后行边方向相反的阻力,这就在桨叶上产生了一个阻力差,以向后为正。在相位图(见图6-18)上所示 H 力微元,沿翼展法线方向计算,向后方分解为

$$dH = (dD\cos\varphi + dL\sin\varphi)\sin\psi \tag{6-54}$$

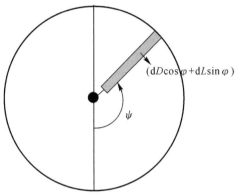

$$(dD\cos\varphi + dL\sin\varphi)$$

图 6-18　H 力微元

当需要把它转换成与型阻和诱导阻力相关的形式[56]时,可以把式(6-54)写成 dH_0 与 dH_i 之和。将阻力项分开来看,并且对其进行近似,可以得到

$$H_0 = dD\sin\varphi - \frac{1}{2}\rho U_T c\,dr C_{D0}\sin\psi \tag{6-55}$$

对于 N 片桨叶,其无量纲系数形式为

$$dC_{H_0} = \frac{\frac{1}{2}N\rho U_T^2 \cdot c C_{D0} \cdot \sin\psi dr}{\frac{1}{2}\rho(\Omega R)^2 \pi R^2} \tag{6-56}$$

$$= s \cdot U_T^2 \cdot C_{D0} \cdot \sin\psi dxn$$

$$= s \cdot (x + \mu\sin\psi)^2 \cdot C_{D0} \cdot \sin\psi dx$$

因此

$$dC_{H_0} = s \cdot C_{D0} \cdot \int_0^1\left[\int_0^{2\pi}\frac{1}{2\pi}(x + \mu\sin\psi)^2 \cdot \sin\psi d\psi\right]dx$$

$$= s \cdot C_{D0} \cdot \int_0^1\mu x\,dxn \tag{6-57}$$

$$= \frac{1}{2}s \cdot C_{D0} \cdot \mu n$$

由式(6-57)可得出桨盘平面内的 H 力为

$$C_H = \frac{1}{2}sC_{D0} \cdot \mu + C_{H_i} \qquad (6-58)$$

诱导部分 C_{H_i} 可以用 θ, λ, μ 和挥舞系数 a_0, a_1, b_1 表达,在各教材中这一部分有多种表达形式,比如 Bramwell 和 Johnson,并且具有一定的复杂性,由于目前我们也不需要对其进行深入讨论,而且通常情况下 C_{H_i} 小于 C_{H_0},因此,式(6-58)的简化形式就够用了。

6.4.4 扭矩和功率

扭矩微元为

$$dQ = dH \cdot r = r(dD\cos\varphi + dL\sin\varphi) \qquad (6-59)$$

同理,也可以表达为阻力部分 dQ_0 和诱导部分 dQ_i 之和。其中,阻力部分很容易得出(无量纲系数形式):

$$\begin{aligned} C_{Q_0} &= s \cdot C_{D0} \cdot \int_0^1 \int_0^{2\pi} \frac{1}{2\pi} (x + \mu\sin\psi)^2 \cdot x\,d\psi\,dx \\ &= s \cdot C_{D0} \int_0^1 \left(x^3 + \frac{1}{2}\mu^2 x \right) dx \\ &= \frac{1}{4} s \cdot C_{D0} \cdot (1 + \mu^2) \end{aligned} \qquad (6-60)$$

经过冗长处理后,也可得诱导部分为

$$C_{Q_i} = \lambda C_T - \mu C_{H_i} \qquad (6-61)$$

由此可得总扭矩为

$$C_Q = \frac{1}{4} s \cdot C_{D0} \cdot (1 + \mu^2) + \lambda C_T - \mu C_{H_i} \qquad (6-62)$$

结合式(6-60),式(6-62)变为

$$\begin{aligned} C_Q &= \frac{1}{4} s \cdot C_{D0} \cdot (1 + \mu^2) + \lambda C_T - \mu C_H + \frac{1}{2} s C_{D0} \cdot \mu^2 \\ &= \frac{1}{4} s \cdot C_{D0} \cdot (1 + 3\mu^2) + \lambda C_T - \mu C_H \end{aligned} \qquad (6-63)$$

由式(6-37)可知,入流参数 λ 是桨尖倾角 α_r 的函数,该倾角不仅与旋翼阻力相关,而且与整个无人直升机的机型阻力相关[57]。平衡平飞时的受力情况如图 6-19 所示,为了分析它们之间的关系,可近似:

$$\left. \begin{aligned} T &= W \\ T\alpha_r &= H + D_P \end{aligned} \right\} \qquad (6-64)$$

式中:D_P 是机身的附加阻力,包括尾桨、水平安定面以及其他附加设备。因此:

$$\alpha_r = \frac{H}{T} + \frac{D_P}{T} = \frac{C_H}{C_T} + \frac{D_P}{W} \qquad (6-65)$$

同时:

$$\lambda = \lambda_i + \mu\alpha_r = \lambda_i + \mu\frac{C_H}{C_T} + \mu\frac{D_P}{W} \qquad (6-66)$$

代入式(6-65),则功率系数表示为

$$C_P = C_Q = \lambda_i C_T + \frac{1}{4} s \cdot C_{D0} \cdot (1+3\mu^2) + \mu \frac{D_P}{W} C_T \qquad (6-67)$$

观察式(6-67),C_P 可以看作是诱导或升力相关阻力、旋翼型阻以及机身附加阻力项之和。通过前飞状态下动量定理的应用,第一项已经被推导出[式(6-22)]。实际上,无论是诱导功率还是型阻所需的功率都要稍大于式(6-67)所计算出来的值。因此,在式(6-23)的诱导功率部分引入了经验修正系数 k_i。公式中对型阻功率分析的不足之处是忽视了以下几个方面:

(1)沿翼展方向的阻力分力(见图6-19);

(2)偏航旋翼对型阻系数的影响,尤其是在相位角远离 90° 和 270° 时;

(3)桨叶后行边回流区。

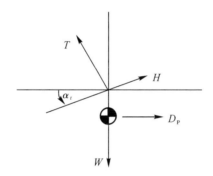

图 6-19　平衡平飞时的受力情况

沿翼展方向的阻力分力的影响可能是最重要的,对于桨叶后行边回流区,按惯例,我们在式(6-67)中代入一个更大的经验系数 k 以替换系数 3,由 Bennet 和 Stepniewski 总结得出,k 一般取值为 4.5~4.7。在工程运用中,各公司一般都会基于自己的经验选取,因此,韦斯特兰直升机普遍都采用 4.65 这个值。代入经验修正系数,功率表达式变为

$$C_P = k_i \lambda_i C_T + \frac{1}{4} s \cdot C_{D0} \cdot (1+k\mu^2) + \mu \frac{D}{W} C_T \qquad (6-68)$$

本书将在无人直升机性能(第 7 章)章节中继续对功率进行深入讨论。本章将深入研究旋翼气动力学的以下两个方面内容:首先,考核挥舞系数 a_0,a_1 和 b_1 在 θ,λ 和 μ 表达形式下的特性;其次,找出和前飞速度参数 μ 和拉力系数 C_T 相关的总距 θ、入流参数 λ 和挥舞系数的几个特征值。

6.4.5　挥舞系数

挥舞运动取决于作用在桨叶上的净力矩[58]。回顾图 5-12,翼展方向微元 dr 处,质量是 $m\,dr$,其中 m 是桨叶单位质量,其受力为:

(1)气动升力,以拉力微元表示为 dT,力臂是 r;

(2)离心力 $r\Omega^2 m\,dr$,力臂是 $r\beta$;

(3)惯性力 $r\beta m\,dr$,力臂是 r;

(4)桨叶质量力矩,与其他相比很小,可忽略不计。

在这些受力情况下,式(5-3)给出了桨叶挥舞的力矩关系。将气动力或拉力力写成 M_T,则:

$$\int_0^R \beta r^2 \Omega^2 m\,\mathrm{d}r + \int_0^R \beta r^2 m\,\mathrm{d}r = M_T \tag{6-69}$$

假设沿翼展方向质量分布是均匀的,m 是常数,则方程积分为

$$\beta \frac{R^3}{3}\Omega^2 m + \beta \frac{R^3}{3}m = M_T \tag{6-70}$$

β 用一阶傅里叶级数代替,方程化简为

$$\frac{R^3}{3}\Omega^2 m a_0 = M_T \tag{6-71}$$

因此,气动力矩 M_T 是不随相位角而改变的。如果以 I 表示桨叶的惯性力矩,则有

$$I = \int_0^R m r^2\,\mathrm{d}r = \frac{1}{3}mR^3 \tag{6-72}$$

可得

$$a_0 = \frac{M_T}{I\Omega^2} \tag{6-73}$$

可写成

$$M_T = \int_0^R r\frac{\mathrm{d}T}{\mathrm{d}r}\,\mathrm{d}r = \frac{1}{2}\rho ac\int_0^R (\theta U_T^2 - U_P U_T)\, r\,\mathrm{d}r \tag{6-74}$$

因此,无量纲形式

$$a_0 = \frac{1}{2}\gamma\int_0^1 (\theta u_T^2 - u_P u_T)\, x\,\mathrm{d}x \tag{6-75}$$

其中 γ 由下式定义:

$$\gamma = \rho ac R^4 / I \tag{6-76}$$

γ 即为洛克数,其提供了气动力和惯性力的比,并决定了离心载荷。用式(6-36)和式(6-41)替换 u_T 和 u_P,并将 β 和表达式 $\dfrac{\mathrm{d}\beta}{\mathrm{d}\psi}$ 代入,式(6-75)右边化为

$$\frac{1}{2}\gamma\int_0^1 \left[\theta\left(x^2 + \frac{1}{2}\mu^2\right) - \lambda x + f_s(\sin\psi) + f_c(\cos\psi)\right]x\,\mathrm{d}x \tag{6-77}$$

f_s 和 f_c 分别是 $\sin\psi$ 和 $\cos\psi$ 的函数。

由于 M_T 和相位角 ψ 无关,其值可通过只对第一项积分得到,因此:

$$\begin{aligned}
a_0 &= \frac{1}{2}\gamma\int_0^1 \left[\theta\left(x^2 + \frac{1}{2}\mu^2\right) - \lambda x\right]x\,\mathrm{d}x \\
&= \frac{1}{2}\gamma\int_0^1 \left[\theta\left(x^3 + \frac{1}{2}\mu^2 x\right) - \lambda x^2\right]\mathrm{d}x \\
&= \frac{1}{8}\gamma\left[\theta(1+\mu^2) - 4\lambda/3\right]
\end{aligned} \tag{6-78}$$

式(6-78)适用于无扭转桨叶或线性扭转桨叶,θ 取值在 3/4 半径处。同样,因为 M_T 与相位角无关,后面两个 $\sin\psi$ 和 $\cos\psi$ 的式子分别等于零。由此可写出一阶谐波系数 a_1 和

b_1 的表达式：

$$a_1 = \frac{\mu\left(\dfrac{1}{3}8\theta_0 - 2\lambda\right)}{1 - \dfrac{1}{2}\mu^2}$$

$$b_1 = \frac{\dfrac{4}{3}\mu\theta_0}{1 + \dfrac{1}{2}\mu^2}$$

$$(6-79)$$

以上三个式子是对挥舞系数的经典定义，其中 θ 和 λ 的参照面都是无变距平面。如果参照桨尖轨迹平面将会增加复杂性，Johnson 和 Bramwell 给出了基于桨尖轨迹平面的等价表达式。Bramwell 的表达式尽管还不够全面，但已经能满足大部分计算精度要求，列出以供参照（按照计算顺序引用）：

$$a_1 = -\mu\left(\frac{1}{3}8\theta_0 - 2\lambda_T\right)\bigg/-\left(1 + \frac{1}{2}3\mu^2\right)$$

$$a_0 = \frac{1}{8}\gamma\left[\theta(1 + 2\mu^2) - \frac{1}{3}4\lambda_T + \mu a_1\right]$$

$$b_1 = \frac{1}{3}4\mu a_0\bigg/\left(1 + \frac{1}{2}\mu^2\right)$$

$$(6-80)$$

相应的拉力系数为

$$C_T = sa\left[\frac{1}{3}\theta\left(1 + \frac{1}{2}3\mu^2\right) - \frac{1}{2}\lambda_T - \frac{1}{2}\mu a_1\right]$$

$$(6-81)$$

通过之前的讨论，我们引用了两个参考平面，分别为 TPP 和 NFP。第一次分析中使用的是 NFP；然而，旋翼下洗流与旋翼桨盘或 TPP 紧密相关。

6.4.6　特征数数值解

通过计算来说明上述参数之间尤其是和前飞速度之间变化的关系。给出以下数值：

旋翼实度	s	0.08
桨叶升力斜率	a	5.7
洛克数	γ	8
直升机重量比	$\dfrac{W}{\dfrac{1}{2}\rho(\Omega R)^2 A}$	0.016
附加阻力参数	$\dfrac{f}{A}$	0.016

附加阻力参数使用的是一种常用的表达形式，其中 f 是等效平盘面积，有以下定义：

$$D_P = \frac{1}{2}\rho v^2 f \qquad (6-82)$$

式中:D_P 为附加阻力。

图 6-20（a）显示了入流参数 λ 和前进比 μ 在两种拉力系数下的变化关系。正如之前所述,λ 由以桨尖轨迹平面为基准的式(6-39)定义[59],所以在图中记为 λ_T。当 μ 取中等值时,λ_T 值最小;当 μ 取值较小时,入流参数较大;当 μ 取值较大时,入流参数又由小变大,因为此时为抵消附加阻力桨尖平面向前倾角渐增。拉力系数越小,μ 取值越大,影响越明显。

图 6-20（b）显示了 $C_T/s=0.2$ 时,总距 θ 的相对变化。θ 与 λ 的变化比较相似,消去 λ,可得到 C_T 与 θ 的直接关系,利用上面给出的直升机重量比和附加阻力参数可得

$$B = \frac{1}{3}\left(1 + \frac{3}{2}\mu^2\right) + \mu^2\left(\frac{4}{3} - 2\mu^2\right) \qquad (6-83)$$

式中:B 为关于 μ 的缓慢递减函数。

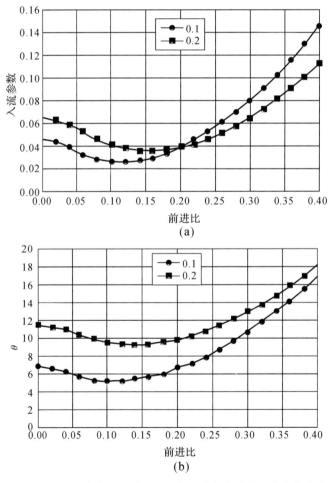

图 6-20　入流参数 λ 和前进比 μ 在两种拉力系数下的变化关系

(a)计算值 $\lambda_T-\mu$;(b)总距 $\theta-\mu$

当 μ 为零时，$B=1/3$，$v_i/v_{i0}=1$，即得到先前推导的悬停状态时的式（4 – 26）。图 6 – 21 显示了不同 μ 值时，θ 与 C_T 之间的变化。在前飞速度较小或较大时，其变化明显不同。当 μ 值为零或较小时，变化是非线性的，在低拉力系数下，由于诱导气流［式（6 – 83）中第二部分］影响，θ 迅速增大，而在 C_T 较高时，由于第一部分渐渐占主导地位，θ 缓慢增长。当 μ 值较大时，诱导速度参数 v_i/v_{i0} 非常小，对任意 C_T 取值，第二部分都可以忽略不计[60]，因此 θ/C_T 的关系呈线性变化。每个 θ 轴上的值都对应相应 μ 值，更有趣的是，当 μ 和 s 已知时，其变化斜率仅为升力斜率 a 的函数。这也为实际工作中确定 a 的值提供了一个实验方法。

图 6 – 22 显示了挥舞系数 a_0，a_1，b_1 和 μ 之间的变化关系。由式（6 – 80）得出，锥角 a_0 取决于拉力系数，只随 μ 轻微变化。事实证明 a_0 近似等于 $(3C_T\gamma)/(8sa)$，代入之前给定的数值，其值为 0.015 rad 或 6.0%。纵向系数 a_1 与前飞速度呈近似线性关系，在高速飞行时使 λ 增大。横向系数 b_1 与前飞速度也呈近似线性关系，大约是 a_1 值的 1/3。实际中，在低速飞行时，b_1 在很大程度上取决于诱导速度的纵向分布（假设均匀分布），并很快达到其峰值，如图 6 – 22 所示。

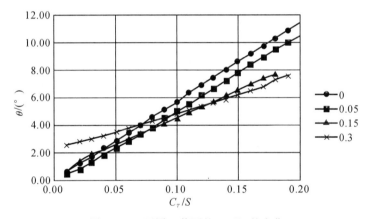

图 6 – 21　不同 μ 值下的 θ – C_T 的变化

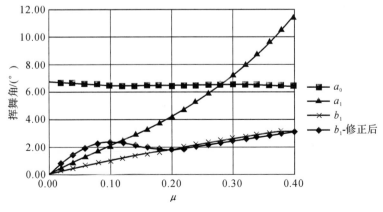

图 6 – 22　挥舞随 μ 值的变化

第7章　无人直升机气动设计

7.1　简　　介

本章描述无人直升机气动设计的发展趋势，在 20 世纪末、21 世纪初时，无人直升机飞行效率较以往有了相当大的改善。早期，直升机上装配的是功重比较低的活塞发动机，需要较大的旋翼来提供必要的垂直升力，在这种情况下，就不得不考虑型阻和附加阻力，为了改善升力或阻力性能，就必须尽可能地减小前飞速度。随着燃气涡轮发动机的采用，以及无人直升机越来越广泛地应用于军用和民用领域，前飞性能变得越来越好，即便是在某些特定环境，与固定翼飞机相比也不落后。对气动方面的改善措施，其中一些本质上来源于固定翼飞机。目前，无人直升机气动发展已经到了一定阶段，在该阶段已接近无人直升机最佳应用水平，甚至说，在某些领域，已经达到了最佳水平，所以，本书对无人直升机气动设计进行了大量描述。对旋翼系统基本特性的进一步增强，可能会引起旋翼气动的全面发展，其中一项措施就是采用高谐波控制，这些已在前面简要叙述过。在本章结尾，会逐步给出新旋翼系统气动设计参数的定义。

7.2　桨叶部分设计

关于旋翼桨叶的设计，可以参考固定翼飞机。例如，在旋翼桨叶前行边采用和高亚声速运输飞机机翼相同的超临界机翼剖面设计，可以有效地推迟阻力上升马赫数。又如，在桨叶后行边采用和固定翼飞机接近失速时一样的弧形桨叶设计，可以有效地提高最大升力。这两项措施都采用后，对于后者，仍存在使其适应无人直升机工作环境的问题，这一点在进行专项研究后，目前已取得了重大进展。

前飞状态下，旋翼桨叶迎角和马赫数的变化范围由"8"字形(有时也称为香肠形)图简要说明[见图 7-1(a)]，该图绘制的是在给定 μ 值条件下靠近桨尖部分(图中 $x=0.91$)的情况(实质上，桨叶沿翼展方向的部分都采用了革新设计，这一点从气动量的变化就可体现出来)。当 μ 值增大，"8"字形曲线向外扩展，扩展到更高的 α 值(或 C_L 值)以及更高的马赫数($M\alpha$)。

对于特定桨叶，可分别绘制 α-M 关于 $C_{L\text{Max}}$ 和 M_D(阻力上升马赫数)的轨迹，桨叶二维剖面风洞试验指出，在特定 μ 值情况下，不论是桨叶失速还是阻力发散都会在旋翼处出现。实际上，"8"字形图显示的是旋翼桨叶特定部分旋转一整周的轨迹，表明了在阻力上升和失速情况下，机翼跨越临界线的部位。图 7-1 所示是厚度 12%处的 NACA0012 均匀桨叶部分，可以看出后行边桨叶轨迹回路穿入桨叶失速区域，而前行边桨叶轨迹回路也同样穿入了阻力上升区域。许多年来，NACA0012 桨叶是无人直升机的标准配置桨叶，它均匀对称，且可用数学函数精确表示。由该函数表达其特性如下：

（1）给定半径的抛物线形状设计；

（2）指定厚度/弦比例，并在指定弦展部位厚度达到最大；

（3）桨叶后缘给定厚度和夹角。

现代桨叶翼剖面采用弧形设计来增加最大升力，目前已研制了好几种系列，如美国的 VR 系列和英国的"96"系列[61]。以"96"系列中的 9615 部位——韦斯特兰"山猫"直升机桨叶为例，结果如图 7-1(c)所示。"8"字形轨迹完全位于轨迹之内，这正是升力性能有所改善的表现。另外，高马赫数阻力上升对后行边桨叶轨迹回路的影响也大幅减小了，同时对前行边桨叶轨迹回路的影响完全消失，所以，需用功率有望降低。同时还必须考虑到，对于拉力性能的任何改进，都会自动引起诱导功率和上升功率的增加[62]。

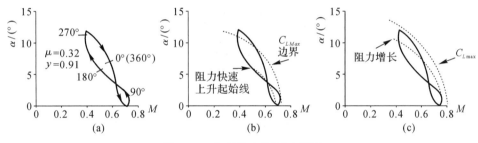

图 7-1　典型桨叶的"8"字形图

(a)基本"8"字形；(b)失速和可压缩边界-NACA0012；(c)失速和可压缩边界-PL9615

以上例证虽是必须的，却并不充分。为了确保弧形桨叶对直升机工作环境的适应性，需考虑弧形桨叶的其他主要特性，其中一点就是俯仰力矩。弧形桨叶的应用直接产生一个俯冲力矩 C_{M_0}（升力为零时的俯仰力矩），该力矩对操纵系统负载有不利的影响。因此，必须根据产生的 C_{M_0} 的大小增加 $C_{L\max}$。控制 C_{M_0} 增量的一个有效方法是在翼剖面后部采用优角弧形设计。Wilby 通过二维定常风洞试验给出了"96"系列桨叶不同部位形状的综合比较结果。

我们从上述结果中挑选了一部分在图 7-2 中显示，可以看出要得到更为可观的 $C_{L\max}$（30%～40%），不利的俯仰力矩也会更大，尤其是在旋翼前行边 Ma 约为 0.75 以上的时候。因此，还需通过更为仔细的外形设计和试验来寻求折中方案。此外，改善桨叶后行区域升力性能还需保证，不论是在低 C_L，还是在前行区域高马赫数，或是在中等 C_L 和稳定前飞状态下承担主拉力载荷的前部和后部中等马赫数情况下，型阻不增加[63]。图 7-3 给出了 EH101 直升机第五代(PP5)桨叶各翼剖面部位的变化，每一部分都是根据其迎角/马赫数范围设计的。

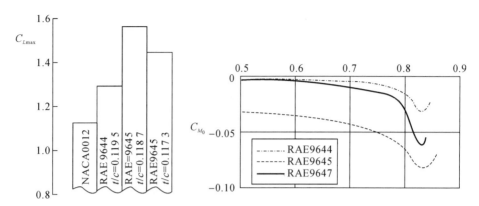

图 7-2 不同桨叶段剖面的 $C_{L\max}$ 和 C_{M0} 的比较（Wilby）

图 7-3 "灰背隼"主旋翼桨叶各翼面剖面翼展方向的变化

上述静态试验结果不能给出精确的最终 $C_{L\max}$ 值,因为旋翼桨叶的失速是由桨叶穿过后行区域时迎角的改变引起的,是动态的。根据 1935 年 Farren 所记录的,当机翼迎角改变时,其失速角及 $C_{L\max}$ 与其在静态下的不同。1960 年,Carta 在报告中指出,机翼 0012 部位的振动试验说明了,该部位的气动特性较适合于直升机工作环境,图 7-4 给出了其典型试验结果。当机翼迎角以典型旋翼频率由 6°到另一侧的 12°振动变化时(刚好超出静态失速角),产生升力系数的滞后回路,其中当迎角高出其静态的 30%时,C_L 达到最大。

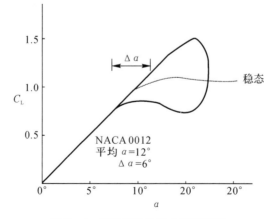

图 7-4 振动桨叶的升力滞后回线

很多后来的学者,如 Ham,McCroske,Johnson,Ham 以及 Beddoes,在数据提供和气动失速的理论革新方面作出了巨大的贡献,并在此过程中,揭示了气流有趣的物理特性。当桨叶迎角增大到超出静态失速点时,在桨叶上表面边界层就会出现气流回流的现象,但暂时还没有传递到桨叶外部的位势流中,因此,升力随迎角持续增加[64]。最终,在桨叶前缘出现气流分离(或者该气流分离出现在靠近桨叶前缘的再压缩激波之后),产生一个横向涡流,并开始向下移动。当该涡流沿着桨叶上表面滚转至弦向中心区域时,升力持续增加,但由于上表面压力的重新分布,产生一个巨大的俯冲力矩。该涡流一直持续到气流尾部,随着气流的衰退而消失。最后,随着向桨盘尾部的靠近,迎角降至静态失速角之下,气流重新附着在桨叶前缘,升力特性又变回原来的线性特征。值得注意的是,迎角增大的气动影响与迎角减小时的气动影响规律并不相同。

关于 RAE9674 翼剖面的更多试验结果如图 7-5 所示,图 7-5 展示了四个不同迎角范围的桨叶振动试验。随着迎角范围的上升,记录了法向力系数(记为 C_L)滞后回路和俯仰力矩突变的变化情况。实际上,后者由于俯仰控制载荷的巨大波动和所触发的桨叶扭转振动,是旋翼拉力的重要限制因素。由图 7-5 可以看出,俯仰力矩突变处的法向力系数为 1.8。事实上,还可以得到更高的值,不过,该值对于后行桨叶来说并不如其本身重要,因为更为重要的是其他桨叶前部和后部所产生的升力的大小,该力提供了平衡旋翼的主要拉力。

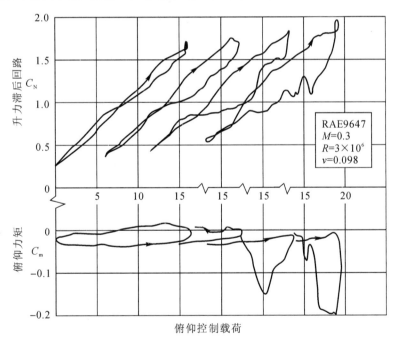

图 7-5　随迎角范围上升,升力滞后回路和俯仰力矩突变的发展状况(Wilby)

最初,人们认为桨叶部分的设计仍有进一步发展的潜力,并把重点放在了提高后行桨叶升力的问题上。随着无人直升机飞行燃油经济性逐渐变得重要,人们又把重心放在了降低桨叶型阻上,尤其是桨叶前行区域的型阻。在该领域,可以参考固定翼飞机使用的超临界机翼剖面来获得一些改进建议。目前出于节能考虑,人们关注的仍是效率问题,通过气动弹性桨叶的应用可有效提升无人直升机的性能[65],同时减少燃油消耗以及振动影响。最初,气动弹性影响是被动的,不过,通过先进的气动技术研究,如桨叶变形及桨尖膨胀,可有效引导气动弹性,改善无人直升机性能。因此,在实际无人直升机工作环境中,可通过调整拱形桨叶以操控桨尖涡特性及强度。

7.3 桨尖形状

7.3.1 矩阵

旋翼桨叶的气动性能,一般来说,取决于它的整体长度,而桨叶在其中扮演着一个非常重要的角色。在很多年间,无人直升机旋翼桨叶一直是从根部到桨尖弦向统一的造型——矩形。图7-6是一个典型示例。这种桨叶通常在桨尖部位固定一定的配重,用以调节桨叶的气动质量误差。该配重通常由桨尖罩覆盖,并与桨尖整体有一定的气动造型设计,对于均匀对称的翼剖面来说,它通常是相对弦线的旋转曲面。

图7-6 S61NM直升机的矩形桨叶平面

7.3.2 后掠形

对矩形桨叶平面的首次改进是在桨尖区域添加一个后掠,该后掠较生硬,且后掠角度不变。该后掠角度是添加在前行桨尖部位的,此部位在高速前飞时能达到高马赫数值。桨尖弦向后部的运动需要仔细设计,因为桨尖升力中心和当地重心将会后移至桨叶俯仰轴和其剪力中心之后[66]。以上结果会引起挠度变形,并引起空气弹性变形。改型桨尖设计如图7-7所示。

图7-7 后掠旋翼改型桨尖设计

正如之前所述(见图 3-28),无人直升机桨叶的载荷高度集中在桨尖部位,而简单的平面矩形设计并不是承担这种载荷的最佳形状(见图 7-6),因此,桨尖设计成了现代气动研究的一个显著特征。图 7-8 显示的是默林直升机主旋翼桨尖设计,采用的是增加上反角的 BERP 平面设计(可以看到系留孔和前缘侵蚀带)。

图 7-8　默林直升机主旋翼桨尖设计

图 7-9 所示的直升机主旋翼桨尖采用的是阿古斯塔·韦斯特兰的 A129 设计。由于前行边桨尖合速度趋于马赫数 1.0,因此,我们很自然地就会去考虑桨尖的后掠造型是否可以延迟可压阻力上升,从而减少给定速度下的需用功率,或者增加可达到的最大速度。即便是对于固定翼飞机来说,答案也并不是那么显而易见的,因为旋翼桨尖在某一时刻相对合气流是后掠的,而在下一时刻,桨尖又是穿过该合气流的。尽管如此,实际上,由后掠造型设计所得到的要大于所损失的,正如 Wilby 和 Philippe [见图 7-10(a)和(b)]指出的,在整个桨盘后半部,桨叶前缘处的马赫数大量减少,包括最大周期马赫数减少(靠近 $\psi=90°$ 处),而在桨盘前半部则有少量增加($\psi=130°\sim240°$ 处)。由此可见,需用功率减少是可行的。

图 7-9　A129 主旋翼桨尖

对桨尖形状进行设计还可以改善后行边桨叶失速特性。阿古斯特·韦斯特兰直升机公司提出了一个全面的改进方案,如图 7-11 所示,其特征如下:

(1)桨叶翼展方向外侧 15% 处开始后掠,角度约为 20°;

(2)桨尖前缘向前延伸,用以保证动态平衡;

(3)外缘急剧后掠,用以提高涡流分离可控性,因此延迟桨尖失速。

对于(3),由风洞试验(静态情况下)验证其已达到了一个非常显著的水平(见图 7-12)。随后,该型桨尖设计在实际飞行中也取得了极大的成功,并且被用于"山猫"直升机,而

"山猫"直升机创下了当时的世界速度纪录(见第 8 章)。

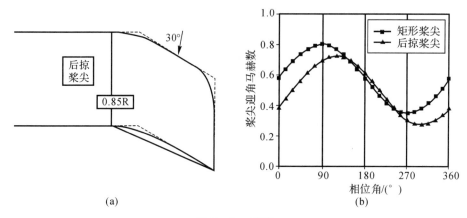

(a)

(b)

图 7 - 10　桨尖

(a)后掠桨尖几何造型;(b)矩形桨尖和后掠桨尖前缘的马赫数变化

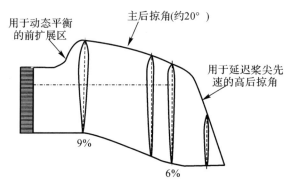

图 7 - 11　阿古斯塔·韦斯特兰直升机公司的桨尖设计

(阿古斯塔·韦斯特兰直升机公司提供)

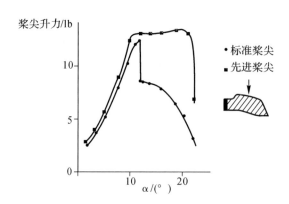

图 7 - 12　阿古斯塔·韦斯特兰直升机公司 BERP 桨尖改善失速迎角的风洞试验结果

(阿古斯塔·韦斯特兰直升机公司提供)

7.4　尾　　桨

绝大部分的直升机结构是单个主旋翼配上尾桨,到目前为止,我们所讨论的重点都集中在主旋翼上,直升机运动形式如图 7 - 13 所示。主旋翼提供了全操控条件下成功飞行所需的绝大部分的力和力矩。然而,其仍需要一个机械装置用于偏航操控,这就是安装尾桨的原因。就纯理论数字来说,主旋翼有 5 个操纵自由度,而尾桨提供了剩下的第六自由度。

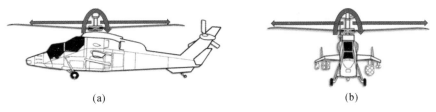

(a)　　　　　　　　　　　　　　　　　　(b)

图 7 - 13　直升机运动形式

(a)纵向和俯仰运动;(b)横向和滚转运动

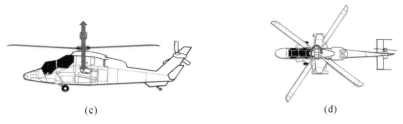

(c)　　　　　　　　　　　　　　　　　　(d)

续图 7 - 13　直升机运动形式

(c)垂直运动;(d)偏航

不过,尾桨提供偏航操纵是在非常特定的环境中,并且,其桨叶上的气动力和动力都是需要考虑的难题。尾桨安装在主旋翼桨毂正后方的一个安定面上,且配有整流罩。主旋翼横向倾斜平衡尾桨产生的拉力,其方向垂直于尾桨桨盘平面。尾桨的安装位置在垂直高度上与主旋翼一致,用于最小化所有滚转耦合力矩,如图 7 - 14 所示。

图 7 - 14　美洲豹直升机悬停显示尾桨拉力反向于主旋翼力

在某些极限机动中,尾桨在机身尾部的极限安装位置可能会导致直升机发生危险,如图7-15所示。

图 7-15 极限抬头机动

尾桨位于主旋翼桨毂之后、机身尾部上方,所以在前飞状态下,尾桨桨盘上的来流并不均匀。图 7-16 中,在尾桨前方放置一扇"窗",并给定均匀来流。判定某一部件效能,通常是在定常状态下。为了便于分析尾桨桨盘顶部和底部的气流,尾桨旋转方向被设计为从顶端向后旋转。大多数传统的直升机都是这种设计,当然,也有例外。我们在后面将会讨论到,早期韦斯特兰山猫直升机采用的就是反向旋转的尾桨,这种尾桨在侧风情况下出现了很多问题,换句话说,这也是尾桨采用上述旋转方向的另一原因。

图 7-16 尾桨来流

要实现直升机飞行,尾桨需在不受主旋翼影响的区域内工作,且需克服侧向飞行(左右任意方向)、自转和大功率爬升的影响。以上飞行状态所需桨距角范围约为 40°,这就需要桨叶俯仰角度相当大,易引起运动学方面的影响,其中重要的一项是会产生推进力矩,但是该影响通常不涉及主旋翼。

7.4.1 推进力矩

如图 7-17 所示,在桨叶上取一点 Q,位于桨叶扇区 $P'Q$ 上,桨距为 0,X 轴是弦向轴,Y 轴是厚度轴。桨叶旋转了角度 γ,这样 Q 的位置就可以由 x' 和 y' 得出。现在,Q 点上会有一个方向,如图 7-17 所示的向心力 F,F 有一个 F_x 的分量,方向垂直于经过 P 点的半径,即桨叶原始旋转方向。这将会使轴 OP 上产生一个与桨叶旋转方向相反的力矩,其力臂为 y_0。这就是推进力矩,由下式给出:

$$M = F_x \cdot y' \tag{7-1}$$

力 F 和 F_x 位于经过点 Q 且垂直于旋转转轴的平面上。

图 7 - 18 给出了点(x,y)到(x',y')的变换,则可以得到以下关系式:

$$\left.\begin{array}{l} x'=x\cos\theta-y\sin\theta \\ y'=x\sin\theta-y\cos\theta \end{array}\right\} \tag{7-2}$$

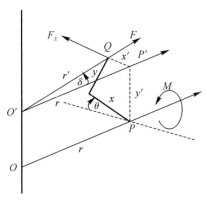

图 7 - 17　桨叶受力分析

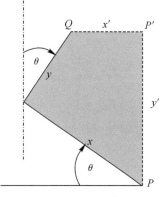

图 7 - 18　平面 QPP' 示意图

为了对 F_X 这一分力进行分析,图 7 - 19 给出了一个平面 $Q'P'Q$,这样向心力 F 就可以写作

$$F=\Omega^2 r'dm \tag{7-3}$$

式中:dm 是桨叶在 Q 点处的微元质量。代入后计算得到

$$F_X=F\sin\delta \tag{7-4}$$

由此,得到分力表示如下:

$$\begin{aligned} F&=\Omega^2 r'dm \cdot \sin\delta \\ &=\Omega^2 dm r' \cdot \sin\delta \\ &=\Omega^2 dm \cdot x' \end{aligned} \tag{7-5}$$

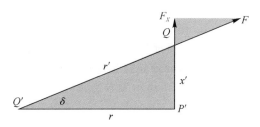

图 7 - 19　向心力 F 分解图

此时该微元的推进力矩就变成了:

$$\begin{aligned} dM&=F_X y' \\ &=\Omega^2 dm \cdot x' \cdot y' \\ &=\Omega^2 dm (x\cos\theta-y\sin\theta)(x\sin\theta-y\cos\theta) \\ &=\Omega^2 dm \left[(x^2-y^2)\sin\theta\cos\theta+xy(\cos^2\theta-\sin^2\theta)\right] \\ &=\Omega^2 dm \left[(x^2-y^2)+(xy)\cos2\theta\right] \end{aligned} \tag{7-6}$$

最终,在整个桨叶上进行积分,得到

$$
\begin{aligned}
M_{\text{PROP}} &= \int_{\text{BLADE}} \Omega^2 \left[\frac{1}{2} (x^2 - y^2) \sin 2\theta + (xy) \cos 2\theta \right] \mathrm{d}m \\
&= \Omega^2 \left[\frac{1}{2} (I_{XX} - I_{YY}) \sin 2\theta + I_{XY} \cos 2\theta \right] \\
I_{XX} &= \int_{\text{BLADE}} x^2 \mathrm{d}m \\
I_{YY} &= \int_{\text{BLADE}} y^2 \mathrm{d}m \\
I_{XY} &= \int_{\text{BLADE}} xy \mathrm{d}m
\end{aligned} \right\} \qquad (7-7)
$$

如果尾桨桨面是对称的,那么惯量积 I_{XY} 为 0,此时式(7-7)可简化为

$$
M_{\text{PROP}} = \frac{1}{2} \Omega^2 (I_{XX} - I_{YY}) \sin 2\theta \qquad (7-8)
$$

对于空气动力学俯仰力矩,总的影响为

$$
M_{\text{PROP}} = \frac{1}{2} \Omega^2 (I_{XX} - I_{YY}) \sin 2\theta + M_{\text{AERO}} \qquad (7-9)
$$

该俯仰力矩需要通过控制系统来进行限制,显然其离不开结构的完整性和较高的操作水准。用于调整俯仰力矩的机理是式中包含两个惯性差分的括号项,通过 I_{XX} 可以增大该力矩,而通过 I_{YY} 则可以降低该力矩。调整 I_{XX} 相对来说要简单一些,因为桨叶在设计上就是沿弦向运动的,而 I_{YY} 就不太好调整了,只能通过桨叶本身的厚度来实现,由于机翼剖面的存在,I_{YY} 的实际数值会很小。为了适应这个问题,我们通过给桨叶增加额外重量来改变 I_{YY} 的数值,该重量通常施加在桨叶的边缘,对此有一个专门的术语来描述——优势重量。

7.4.2　进动–偏航灵敏度

陀螺进动虽然有些神秘,却深深地影响着尾桨的性能。单看第一眼,会觉得陀螺进动好像不符合力矩对其的影响。放置在陀螺顶的那个小玩意儿就好像能无视重力的影响一样。最后陀螺不但没有倒下,还绕着垂直轴不断地缓慢打转,越转倾斜得就越厉害。由图 7-20 可以一览陀螺顶部,通过右手法则,画出转轴以及顶部的旋转和角动量,然后右侧的方向就是重力对陀螺顶部的力矩方向。基本原理是就是力矩决定了角动力的变化频率。因此,重力的影响(以及陀螺本身的反作用力)会使陀螺顶部的角动量朝向同一个方向[68],这样,陀螺就可以绕着垂直轴不断旋转,图 7-21 所示为需要满足的条件。

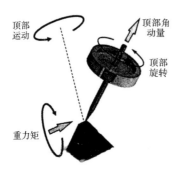
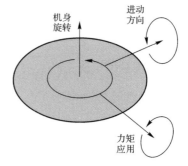

图 7-20　陀螺进动时的顶部描绘　　　　　图 7-21　进动力矩

参照旋转体的旋转方向,进动旋转与实际力矩之间相差 90°。这种重力的消除并不是什么奇迹,只要给予力矩以及合适的方向即可。尾桨在机体原地转身时最容易形成进动,原地转身就是在直升机处于悬停状态下,通过增加或者减少尾桨上的拉力来围绕主旋翼转轴所在的竖轴旋转。图 7 - 22 所示为向左的原地转身。

图 7 - 22　向左的原地转身飞行

即使尾桨盘已经绕旋翼转轴旋转了,但它仍然需要一个垂直的转轴。为了满足这一点,需要向旋翼施加一个合适的进动力矩,如图 7 - 23 所示。

该力矩只能通过空气动力学这一途径得到,原因是桨叶与旋翼轴的连接并不是那么牢固。在总桨距固定而且没有周期桨距时,生成力矩的唯一方式就是桨叶的摇摆[69]。这里要注意的是,升力的变化取决于桨叶摇摆的速度而不是位移(见图 7 - 24)。记住这点之后,图 7 - 25 中给出了旋翼摇摆产生的桨盘倾斜。可以看出,尾桨绕垂直轴的旋转会造成桨盘的水平倾斜,即

$$\text{Disc tilt} = \frac{16}{\gamma} \cdot \frac{q}{\Omega}$$

$$= \frac{16}{\gamma} \cdot \hat{q}$$

(7 - 10)

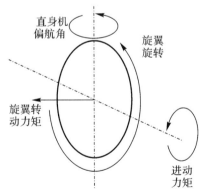

图 7 - 23　尾桨进动力矩

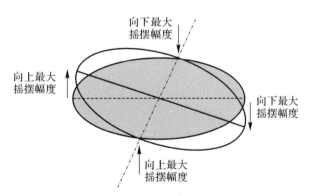

图 7 - 24　摇摆速度与幅度之间的关系

图 7 - 26 中所标示的方位角显示了直升机在自转飞行时产生的桨盘倾斜为 a_1。

如果我们考虑到加上铰链 δ_3,并考虑桨距和摇摆的话,标准桨叶的迎角应该为

$$\alpha = \theta_0 - \frac{\beta}{\Omega} - \beta\tan\delta_3 - \frac{v_z + v_i}{\Omega r} \tag{7-11}$$

$$= \theta_0 - \beta' - \beta\tan\delta_3 - \frac{v_{ZD}}{\Omega r}$$

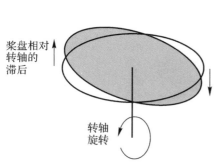
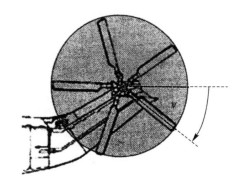

图 7-25 转轴倾斜后由于进动产生的桨盘倾斜   图 7-26 方位角

v_z 和 v_i 的值在桨盘上是常数,因此 v_z 体现的是旋翼中心的数值,v_i 则是由爬升时的制动盘理论和适当的 v_z 定义的。规定摇摆角和摇摆速度如下:

$$\left.\begin{array}{l} \beta = a_0 - a_1\cos\psi \\ \beta' = a_1\sin\psi \end{array}\right\} \tag{7-12}$$

结合式(7-11)可以得到

$$\alpha = \theta_0 - a_1\sin\psi - (a_0 - a_1\cos\psi)\tan\delta_3 - \frac{v_z + v_i}{\Omega r}$$

$$= \theta_0 - a_0\tan\delta_3 - a_1(\sin\psi - \tan\delta_3 \cdot \cos\psi) - \frac{v_{ZD}}{\Omega r} \tag{7-13}$$

a_1 可通过三角计算给出:

$$\sin\psi - \tan\delta_3\cos\psi = k\sin(\psi - \varphi)$$

$$= k\sin\psi\cos\varphi - k\cos\psi\sin\varphi \tag{7-14}$$

由此必然能够得到:

$$\left.\begin{array}{l} k\sin\varphi = \tan\delta_3 \\ k\cos\varphi = 1 \end{array}\right\} \tag{7-15}$$

即

$$\left.\begin{array}{l} \tan\varphi = \tan\delta_3 = \varphi\delta_3 \\ k = \sqrt{1 + \tan^2\delta_3} = \sec\delta_3 \end{array}\right\} \tag{7-16}$$

结合式(7-13)有

$$\alpha = \theta_0 - a_0\tan\delta_3 - a_1\sec\delta_3\sin(\psi - \delta_3) - \frac{v_{ZD}}{\Omega r} \tag{7-17}$$

其极值为

$$\alpha = \theta_0 - a_0\tan\delta_3 - a_1\sec\delta_3 - \frac{v_{ZD}}{\Omega r} \tag{7-18}$$

如果桨叶没有失速，即叶尖具有最高马赫数，总桨距会受到限制，并能得到失速迎角为

$$\alpha_{0\max}=a_s-a_0\tan\delta_3-a_1\sec\delta_3+\frac{v_{ZD}}{\Omega r}$$

$$=a_s+a_0\tan\delta_3-a_1\sec\delta_3+(\mu_Z+\lambda_i) \qquad (7-19)$$

此时旋翼的拉力由下式给出：

$$T=\frac{1}{2}\rho v_{TT}^2 N_T C_T R_T \cdot a \cdot \frac{1}{2\pi}\int_0^{2\pi}\mathrm{d}\psi\int_0^1 x^2\left(\theta_0-\beta'-\beta\tan\delta_3-\frac{\mu_{ZD}}{x}\right)\mathrm{d}x \qquad (7-20)$$

即

$$\frac{C_{TT}}{sa}=\frac{1}{2\pi}\int_0^{2\pi}\mathrm{d}\psi\int_0^1 x^2\left(\theta_0-\beta'-\beta\tan\delta_3-\frac{\mu_{ZD}}{x}\right)\mathrm{d}x$$

$$=\frac{1}{2\pi}\int_0^{2\pi}\left(\frac{\theta_0-\beta'-\beta\tan\delta_3}{3}-\frac{\mu_{ZD}}{2}\right)\mathrm{d}\psi$$

$$=\frac{1}{2\pi}\int_0^{2\pi}\left[\frac{\theta_0-(a_1\sin\psi)-(a_0-a_1\cos\psi)\tan\delta_3}{3}-\frac{\mu_{ZD}}{2}\right]\mathrm{d}\psi$$

$$=\frac{\theta_0-a_0\tan\delta_3}{3}-\frac{\mu_{ZD}}{2} \qquad (7-21)$$

结合式(7-19)和式(7-21)，不考虑桨尖失速，可以得出最大拉力为

$$\frac{C_{TT}}{sa}=\frac{\theta_{0max}-a_0\tan\delta_3}{3}-\frac{\mu_{ZD}}{2}$$

$$=\frac{a_s+a_0\tan\delta_3-a_1\sec\delta_3+\mu_{ZD}-a_0\tan\delta_3}{3}-\frac{\mu_{ZD}}{2}$$

$$=\frac{a_s-a_1\sec\delta_3}{3}-\frac{\mu_{ZD}}{6} \qquad (7-22)$$

加上进动结果，最终可以得到：

$$\left.\begin{array}{l}\dfrac{C_{TT\max}}{sa}=\dfrac{a_S}{3}-\dfrac{\mu_{ZD}}{6}-\dfrac{16}{3\gamma}\sec\delta_3\cdot\dfrac{\dot\psi}{\Omega_r}\\[3mm]\dfrac{C_{TT\max}}{sa}=\dfrac{a_S}{3}-\dfrac{\mu_{ZD}}{6}-\dfrac{\lambda_i}{6}-\dfrac{16}{3\gamma}\sec\delta_3\cdot\dfrac{\dot\psi}{\Omega_r}\end{array}\right\} \qquad (7-23)$$

拉力系数 C_{TT} 和下降气流 L_i 是相关的。

7.4.3　下洗流计算

尾桨应该能很好地支持爬升，为了评估这一点，需要规定尾梁的长度，如图 7-27 所示。

标准的爬升率由下式给出

$$\mu_Z=\frac{\dot\psi\cdot l_{BOOM}}{v_{TT}}$$

$$=\frac{\dot\varphi}{\Omega_T}\cdot\frac{l_{BOOM}}{R_T} \qquad (7-24)$$

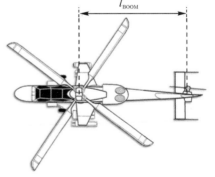

图 7-27　尾梁长度的定义

由动量理论我们得出

$$C_{TT} = 4\lambda_i(\mu_Z + \lambda_i) \tag{7-25}$$

在桨叶失速这种受限情况下,代入式(7-21)和式(7-25):

$$C_{TT\max} = 4\lambda_{i\max}(\mu_Z + \lambda_{i\max})$$

$$\frac{C_{TT\max}}{sa} = \frac{a_S}{3} - \frac{\mu_Z}{6} - \frac{\lambda_{i\max}}{6} - \frac{16}{3\gamma}\sec\delta_3 \cdot \frac{\dot{\psi}}{\Omega_r} \tag{7-26}$$

综合上式,有

$$\lambda_{i\max}^2 + \left(\mu_Z + \frac{sa}{24}\right)\lambda_{i\max} - \frac{sa}{12}\left(a_S - \frac{16}{\gamma} \cdot \frac{\dot{\psi}}{\Omega_r} \cdot \sec\delta_3 - \frac{\mu_Z}{2}\right) = 0 \tag{7-27}$$

引入式(7-24)中的结果,最终可以得到:

$$\left.\begin{array}{l} \lambda_{i\max}^2 + \left(\dfrac{\dot{\psi}}{\Omega_T} \cdot \dfrac{l_{\text{BOOM}}}{R_T} + \dfrac{sa}{24}\right)\lambda_{i\max} - \dfrac{sa}{12}\left(a_S - \dfrac{16}{\gamma} \cdot \dfrac{\dot{\psi}}{\Omega_r} \cdot \sec\delta_3 - \dfrac{1}{2}\dfrac{\dot{\psi}}{\Omega_T} \cdot \dfrac{l_{\text{BOOM}}}{R_T}\right) = 0 \\[3mm] C_{TT\max} = 4\lambda_{i\max}\left(\dfrac{\dot{\psi}}{\Omega_T} \cdot \dfrac{l_{\text{BOOM}}}{R_T} + \lambda_{i\max}\right) \end{array}\right\} \tag{7-28}$$

7.4.4 偏航敏感度

在尾桨以最大拉力运转时,最大偏航敏感度是可以确定的,见下式:

$$\left.\begin{array}{l} \text{Yaw rate} = \dot{\psi} \\ \text{Yaw accn} = \ddot{\psi} \end{array}\right\} \tag{7-29}$$

偏航敏感度与尾桨拉力成正比:

$$\ddot{\psi} \propto T_T \tag{7-30}$$

在平稳悬停的情况下,理想的诱导功率为:

$$P_{iM} = W\sqrt{\frac{W}{2\rho A}} \tag{7-31}$$

由此,通过品质因素可以得到总的主旋翼功率

$$P_{\text{TOTM}} = W\sqrt{\frac{W}{2\rho A}} \cdot \frac{1}{\text{FOM}} \tag{7-32}$$

以及主旋翼扭矩:

$$\begin{aligned} Q_{\text{TOTM}} &= \frac{W}{\Omega_M \cdot \text{FOM}}\sqrt{\frac{W}{2\rho A}} \\ &= \frac{W}{\Omega_M \cdot \text{FOM}} \cdot \frac{v_{TM}}{2}\sqrt{C_{TM}} \\ &= \frac{W}{2} \cdot \frac{R}{\text{FOM}} \cdot \sqrt{C_{TM}} \\ &= T_{TH} \cdot l_{\text{BOOM}} \end{aligned} \tag{7-33}$$

由此,悬停时尾桨的拉力可以表示为

$$T_{TH} = \frac{W}{2\text{FOM}} \cdot \frac{R}{l_{\text{BOOM}}} \cdot \sqrt{C_{TM}}$$

$$= \frac{W}{2\text{FOM} \cdot \bar{l}_{\text{BOOM}}} \cdot \sqrt{C_{TM}} \tag{7-34}$$

以及

$$\bar{l}_{\text{BOOM}} = \frac{l_{\text{BOOM}}}{R} \tag{7-35}$$

代回偏航敏感度中可得：

$$T_T = \frac{1}{2}\rho v_{TT}^2 \cdot A_T \cdot C_{TT} \tag{7-36}$$

由此，可以得到：

$$\frac{T_T}{T_{TH}} = \frac{\dfrac{1}{2}\rho v_{TT}^2 \cdot A_T \cdot C_{TT}}{\dfrac{W}{2\text{FOM} \cdot \bar{l}_{\text{BOOM}}} \cdot \sqrt{C_{TM}}}$$

$$= \frac{\dfrac{1}{2}\rho v_{TT}^2 \cdot A_T \cdot C_{TT} \cdot 2\text{FOM} \cdot \bar{l}_{\text{BOOM}}}{W \cdot \sqrt{C_{TM}}} \tag{7-37}$$

注意到：

$$W = \frac{1}{2}\rho v_{TM}^2 \cdot A \cdot C_{TM} \tag{7-38}$$

所以：

$$\frac{C_T}{C_{TH}} = \frac{T_T}{T_{TH}} = \frac{\dfrac{1}{2}\rho v_{TT}^2 \cdot A_T \cdot C_{TT} \cdot 2\text{FOM} \cdot \bar{l}_{\text{BOOM}}}{\dfrac{1}{2}\rho v_{TM}^2 \cdot A \cdot C_{TM} \cdot \sqrt{C_{TM}}}$$

$$= \left(\frac{v_{TT}}{v_{TM}}\right)^2 \cdot \left(\frac{R_T}{R}\right)^2 \cdot (2 \cdot \text{FOM} \cdot \bar{l}_{\text{BOOM}}) \cdot \frac{C_{TT}}{(C_{TM})^{3/2}} \tag{7-39}$$

又因为：

$$\frac{1}{C_{TH}} = \left(\frac{v_{TT}}{v_{TM}}\right)^2 \cdot \left(\frac{R_T}{R}\right)^2 \cdot (2 \cdot \text{FOM} \cdot \bar{l}_{\text{BOOM}}) \cdot \frac{1}{(C_{TM})^{3/2}} \tag{7-40}$$

所以，偏航敏感度可以由比悬停时更高的尾桨附加拉力得到。我们可以查看尾桨附加拉力在无偏航和原地转身时的不同比率，从而得出最大的偏航敏感度：

$$K = \frac{T_{T\max} - T_{TH}}{T_{TH\max} - T_{TH}} = \frac{\dfrac{T_{T\max}}{T_{TH}} - 1}{\dfrac{T_{TH\max}}{T_{TH}} - 1} = \frac{\dfrac{C_{TT\max}}{C_{TH}} - 1}{\dfrac{C_{TH\max}}{C_{TH}} - 1} = \frac{K \cdot C_{TT\max} - 1}{K \cdot C_{TH\max} - 1} \tag{7-41}$$

其中：

$$K = \left(\frac{v_{TT}}{v_{TM}}\right)^2 \cdot \left(\frac{R_T}{R}\right)^2 \cdot (2 \cdot \text{FOM} \cdot \bar{l}_{\text{BOOM}}) \cdot \frac{1}{(C_{TM})^{3/2}} \tag{7-42}$$

7.5 附加阻力

附加阻力来自于直升机的各个部分,例如机身、机头、起落架以及尾翼翼面等对主旋翼升力没有任何贡献的阻力,附加阻力已经成为影响飞行器前飞性能的一个主导因素。显然,降低附加阻力可以提升速度,节省燃油。同样地,由于与附加阻力相关的部件在实际中都有各自的功能,所以在设计时我们更偏向于实际应用而非空气动力学上的考虑[70]。现在,空气动力学家应该做的就是提供关于附加阻力足够的可靠信息和背景,基于这些,设计者们可以计算和推断这些零部件发挥其所需作用时的附加阻力。

类似的背景知识目前已经有了多年的积累,大部分需要的都可以在各种论文中找到,比如 Keys 和 Wiesner 发表的论文,这些作者通过实验数据,提供了基于气动设计的机体外形参数。这其中包含诸如机头正面圆角半径、机身横截面外形、机身后体锥面和机身弧度曲线等。同时还给出了计算发动机舱和凸起部分(诸如天线、灯和把手等)带来的阻力的计算方式。另外还重点关注了起落部分的发展动态,例如是采用轮子还是滑板,裸露在外还是保持机身流线。显然,降低阻力最好的办法就是把外面的部件全部回缩到机身里面,但是这样会大大增加机体本身的重量。Keys 和 Wiesner 通过样本计算对这个问题进行了研究,估计出了针对已知任务、要想使机身回缩能够得到正收益所需的最小飞行速度。任务时间越长,该速度就越小。

产生附加阻力最大的部位是旋翼桨毂,该处产生的阻力也可简称为桨毂阻力。这涉及旋翼轴和桨叶之间的传动装置,具体如图 7-28 所示。同时还涉及桨毂本身、连接桨毂和桨叶的铰、铰链、轻量化结构以及操纵杆。按照惯例,这些部分都不是流线型的,所以会生成大片的分离气流,所以尽管这些部件本身的尺寸很小,但是它们生成的阻力之和比机体本身造成的阻力还要大。铰链式旋翼桨毂产生的阻力占整机附加阻力的 40% 或 50%,而无铰接式旋翼桨毂只占 30%,所以对于无铰链式旋翼桨毂来说,可能更容易通过整流罩进行一定程度上的气动改进,但是也会受到物体与物体之间的相对运动的限制。

图 7-28 梅林直升机主旋翼桨毂

Sheehy 研究了来自美国的旋翼桨毂阻力数据后得到的结论是,迎风面积是无整流罩旋翼桨毂产生阻力的决定性因素。另外,还需要考虑局部动压以及旋翼桨毂与机身连接处这两个会增加阻力的要素。首先整流罩必须是气密的,尤其是旋翼桨毂和机身的交界处更是如此。对于无整流罩的情况,旋翼桨毂的旋转对阻力方面的影响可以忽略不计,但如果是有整流罩的,情况就复杂多了。直升机的桨毂阻力的测定是一个非常复杂的过程,通常是通过风洞测试实现的。图 7 - 29 给出了典型的风洞测试装置。

图 7 - 29 典型的风洞测试装置

回顾 Sheehy 的研究,布里斯托尔大学进行了一系列的、系统的风洞模型测试,并搭建了一个仿真的旋翼桨毂。图 7 - 30 给出了阻力的测试结果。

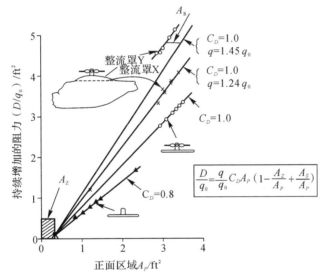

图 7 - 30 旋翼桨毂阻力的测试结果

旋翼桨毂阻力 D 可以从下式得出:

$$\frac{D}{q_0}=\frac{q}{q_0}C_D A_P\left(1-\frac{A_Z}{A_P}+\frac{A_S}{A_P}\right)$$ (7 - 43)

式中:q_0 是自由气流动压,$q_0=1/2\rho v_0^2$;q 是桨毂处的局部动压,是在没有安装旋翼桨毂的情况下测量的。在一般情况下,局部极快速度产生的 q 是可以通过机身形状计算的。C_D 是旋翼桨毂陡峭面的有效阻力系数,这与圆柱体的雷诺数的体现意义相同。从图 7 - 30 来看,$C_D=1.0$ 比较符合实验数据,但这个实验只是基于关注对象的,并不真实,桨毂上没有铰,测得的 C_D 比实际数据要高。在缺少更精确的信息时,我们往往会建议使用 $C_D=1.0$ 用于一般评估。我们可能会希望得到完整旋翼桨毂所对应的更大雷诺数、更小的阻力系数,但是根据 Sheehy 的"小模型的测试结果会低估原尺寸受到的阻力,原因可能是模型上的旋翼桨毂细节无法精确重现"这一意见,只能暂时搁置这一想法。

Sheehy 使用 A_P 作为旋翼桨毂的正面投影面积,由于旋翼桨毂有一部分是嵌在机身里面的,所以用 A_Z 来对应使该阻力降低的要素,如图 7-31 所示。在数值上,A_Z 与包含无旋翼桨毂情况下机身边界层厚度的投影面积相同。最后一个量 A_S 则代表的是旋翼整流罩上方气流损坏效应的等效面积。该方程联立了整流罩上方各桨叶轴之间的间距(间距越小,气流损坏越大)和整流罩后部的锥度比(锥度越大,气流损坏越大)。A_S/A_P 的比值可以通过图 7-31 中不同整流罩所对应的实验结果来估计。

结合已有的数据和例子,旋翼桨毂阻力的基本情况可以总结为以下几点:

(1)无整流罩的旋翼桨毂产生的高阻力可以归结为外凸的正面区域和各种干扰效应,针对不同的情况,可以对其进行大致的估算;

(2)无铰链系统的旋翼桨毂阻力要明显低于铰链式的;

(3)气动整流罩受到系统机械原理的限制,但是有些整流罩是可实现的,主要是针对无铰链的情况,并且可以有效地降低阻力;

(4)旋翼桨毂设计理念的发展使得正面面积不断缩小,从而带来了显著的气动优势。

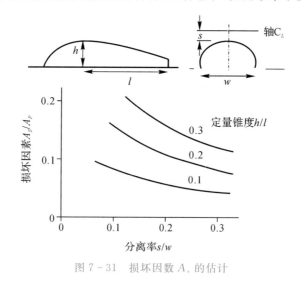

图 7-31　损坏因数 A_s 的估计

7.6　机身后部上掠

机身后部的装货门的上掠带来了一个新的阻力方面的问题,一般这个部位的宽度从下到上是基本固定的。

图 7-32 显示了用于作战的梅林直升机原型机和用于开发的带有后门的梅林直升机的不同,在 20 世纪 60 年代,我们获得的经验是,对于固定翼飞机来说,如果机身后面过于陡峭的话,带来的阻力是难以预测的,并且远远高于一般机体气流分离带来的阻力。在 20 世

70 年代,T. Morel 首先开始关注这个问题,通过研究有后舱门的汽车,他发现,经过一个倾斜面的气流无非有两种形态:①传统的由横向涡流构成的陡峭气流;②沿气流方向的涡流。后来 Seddon 通过风洞模型试验率先将这个问题引入直升机领域,得到的结果如图 7-33、图 7-34 所示。

图 7-32　有(无)后舱门的梅林直升机

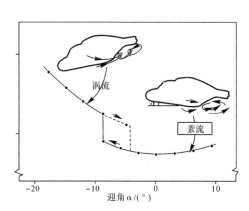 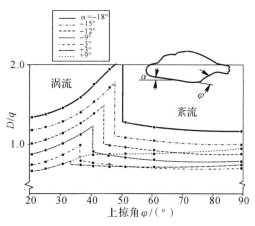

图 7-33　临界阻力值下机身后部的上洗气流类型　　图 7-34　上洗气流迎角固定时的阻力变化

　　机身后部的上掠角和气流的迎角共同决定了气流的形态。在迎角为正时涡流能够持续存在,而随着气流迎角的不断缩小(机头在飞行时的下沉),最终会到达一个临界角度,此时气流会突然改变为涡流式,同时阻力会突然上升一个级别(见图 7-33)。这种状况会随着气流迎角的不断减小一直持续下去。如果气流迎角开始回升,情况就开始倒转。这种高阻力相当于斜表面上的高吸力,此时的气流类型比较类似于细长机翼(协和式超声速飞机上的那种)上面的气流,但是对后者,气流起的作用是正面的,因为升力分量是向上的,而阻力分量除了在战斗期间桨距角过高时都很小。

　　图 7-34 中给出了改变上掠角的影响,图中的每条曲线对应一个机体迎角的数值。在上掠角接近 90°时,涡流会如同期望的那样出现,而在上掠角取中间值时,根据迎角的不同,气流会发生变化,还伴随着阻力的升高。当上掠角再次大幅度降低后,阻力会显著降低,但是会导致阻力高于涡流中的情况时的角度范围很大。

从设计需求出发,可以通过 α - φ 图的形式来表现当前的状况, φ 代表上掠角。图 7 - 35 显示了随着迎角的降低,阻力随之跳升的轨迹。如果需要的话,还可以画出迎角上升时阻力的变化轨迹。在线下面的区域是过阻区域。通过图 7 - 35,设计人员就能知道该避开上掠角的哪些范围。同样我们还关心图中虚线所代表的含义,这条线是涡流和层流的分界线。基于空气动力学,在上掠角不高于 20° 时(换句话说就是 $\varphi_a < 20°$ 时),气流仍然可以附着于机体上。

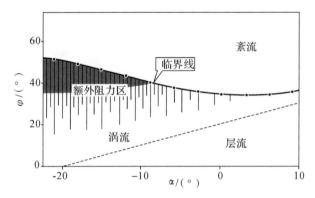

图 7 - 35　包含所有阻力类型和附加阻力区的 α - φ 图

图 7 - 36 显示了如果产生湍流,可以通过立即在上斜面前面布置短小、密集的导向板来应对。这是一种阻止湍流形成的方法,靠的是在边缘上对湍流进行多点切断。

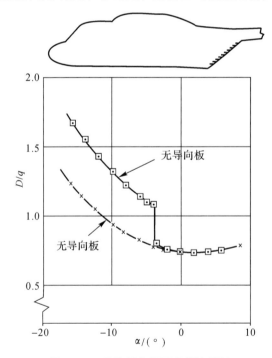

图 7 - 36　整流板作用下的涡流限制

7.7 高次谐波控制

在对旋翼进行一阶循环控制下的前向飞行中,桨叶上的升力会有很大一部分用来平衡机体的滚动趋势(见第 4 章)。前行扇区中的升力被降低到一个非常低的水平,同时机体的大部分负载都加载于前部和后部上,但是在相应的桨叶迎角(以及相应的省力系数)下并不能达到失速。这在"8"字图中非常明显[见图 7 - 1(c)]。对于前行扇区来说,我们对现状无能为力,但是在前部和后部,负载对滚转的影响非常小,就有希望产生更多的升力,且不必超过后行扇区的失速限制。

大体来说,通过将二次谐波或者其他谐波引入控制之中可以得到这样的效果。这个办法并不算新,Stewart 在 1952 年就提出了使用二次谐波的桨距角控制,并预测有效前进比会因此上升至少 0.1。但是直到 20 世纪 80 年代,高次谐波控制也没有什么总体上的发展。总体来说,这个问题并不简单,因为涉及控制系统和旋翼动力学这样不比空气动力学简单的知识。此外,其效果也可以通过其他不那么复杂的方式得到,例如增加桨尖速度或者桨叶的面积。这些方法现在都到了一个收益递减的阶段,相比之下,高次谐波控制的吸引力就显现出来了。同时,如今的数值化方法使得旋翼的性能与气流细节和桨叶的空气动力学限制联系起来,所以对性能进步的预估要比以前更加可靠。

韦斯特兰公司提供的一项计算描述了其中的空气动力学情景。其调查手段是通过比较双旋翼直升机在有二次谐波控制和没有二次谐波控制时的拉力性能(桨叶迎角限制在 1.5°)。通过观测不同方位角下的桨尖附近的升力将其与桨叶扇区的品质因素——力矩临界关系联系起来。图 7 - 37 表明:在适合机身的马赫数区域内,二次谐波控制将升力因数提高了至少 0.2。

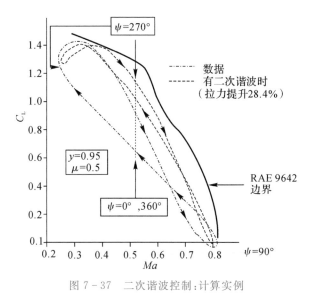

图 7 - 37 二次谐波控制:计算实例

对于同一个后行桨叶边界,可以转化为一个 28.4% 的拉力提升。进一步说二次谐波控制下的旋翼所需的桨叶面积比参照数据降低了22%,这一点无论是用于诸如桨叶从六片减少到五片这种数量上的缩减,还是用于桨叶数量不变时的减重,都可以在元件尺寸和任务效率上带来很大的收益。

7.8 气动设计过程

为了完成本章的内容,我们把研究方向放在了实际问题——如何为图7-38中的新式直升机的旋翼进行空气动力学设计上面。

图7-38　直升机设计中的限制条件

工程师通过一步步的设计方式,可以对很多可变因素进行考虑,诸如无人直升机的规格,悬停和高速飞行时的各种限制,发动机在不同运转率下的特性、振动负载、飞越噪声等。

对于中等大小的无人直升机来说,最需要提升的是其负载、飞行距离、机动性、稳定性和可靠性。无人直升机的速度至少要达到80 m/s,并且在高温高海拔情况下,即在规定1 200 m和国际标准大气(International Standard Atmosphere,ISA)+28 K 的条件下也能有不错的性能。在开始进行旋翼调整之前,首先要对负载和飞行距离图表进行研究,考虑到具体应用,选择让无人直升机满载质量为4 100 kg,而无人直升机空载时的质量为满载时的55%,剩余的45%作为可利用载重,其中一半分配给油料。随后要考虑的是发动机,选择的一对发动机要能够在海平面上保持560 kW的连续功率等级,以及有相当的起飞和意外事故等级。在作出这些选择的时候,经验是一个比较重要的因素,当然,对于整个设计过程来说,经验都是不可或缺的。

对于旋翼来说,首先要选择的是桨尖速度,图7-39给出了影响这个桨尖速度的各种因素。其中悬停时桨尖的马赫数就是其中之一。在高速飞行时位于桨盘前部的桨叶和后部的桨叶的马赫数非常接近悬停时的马赫数,但是升力因数要高于悬停的情况,结合高速飞行时所需的更大功率,悬停时的桨尖速度上限应设置为$0.69Ma$(约235 m/s)。前飞桨尖上的升力因数比较低,其马赫数大概为$0.8 \sim 0.9$,考虑到前飞桨叶扇区也要工作,将上限值设置为0.88。飞越噪声与前飞桨尖速度有着直接关系,所以也要考虑。较高的前进率会带来旋翼的振动负载,进而导致机身的振动,所以一般情况下最大飞行速度被设置为$0.4Ma$。最后还要满足指定的最大速度不得低于80 m/s。那么由图7-39可知,要想满足所以这些条件,旋翼桨尖速度被限制在215 m/s,预期的最大飞行速度为160 kn(1 kn=0.514 444 m/s)

(82 m/s)。

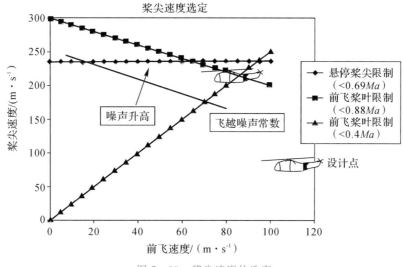

图 7 - 39　桨尖速度的选定

接下来要决定桨叶的面积。设计的飞行速度越高,所需的桨叶面积就越大,这是因为后行桨叶是在相对速度逐渐降低并且升力因数被失速所限制的情况下运转的。图 7 - 40 (a)显示了无量纲拉力系数受到的限制,再参照式(3 - 45),于是可以得出

$$\frac{C_T}{s}=\frac{W}{\frac{1}{2}\rho A(\Omega R)^2}\cdot\frac{\pi R}{N_c}=\frac{W}{\frac{1}{2}\rho N_c R(\Omega R)^2} \tag{7-44}$$

最终我们得出的桨叶的总面积 $N_c R$:

$$N_c R=\frac{2W}{\rho(\Omega R)^2}/\frac{C_T}{s} \tag{7-45}$$

根据桨尖速度(ΩR)的相关知识以及机身重量,得出桨叶面积[见图 7 - 40(b)],然后根据 10 m² 的桨叶面积设计最大速度。要注意的是,利用前行桨叶扇区可以节省大约 10% 的桨叶面积,这也意味着旋翼总重量的降低。

至于旋翼半径的选择,需要对发动机性能进行研究。如图 7 - 40 所示,对于一架 4 100 kg 重的无人直升机,来自其发动机数据的比功率负荷(kW/kg)可以转化为以瓦特为单位的实际功率。图 7 - 41 针对双发动机和单发动机的情况,分别讨论了起飞、连续和意外事故功率等级。

根据第 2 章中已有的理论——诱导功率与桨盘载荷的二次方根成正比,画出代表不同悬停情况下所需的功率的曲线,并以桨盘载荷(kg/m²)表示。

(1)下式给出了在海平面上的理想诱导功率的计算:

$$P_i=W\sqrt{\frac{\omega}{2\rho}} \tag{7-46}$$

式中:W 为桨盘载荷。

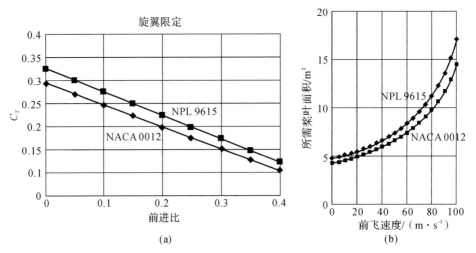

图 7 - 40　新旋翼设计时的旋翼限制

(a)旋翼限制;(b)桨叶面积选定

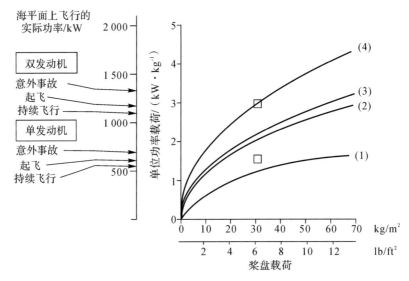

图 7 - 41　桨叶半径设计

（2）实际中的海平面总功率,其范围可以从诱导功率扩大到包含桨叶轮廓功率、尾旋翼功率、传输损耗、辅助设备功率以及机身的气流下冲导致拉力过大时的修正功率。

（3）实际总功率还要加入 1 200 m 的海拔高度和 ISA＋28 K 的温度。

（4）海平面总功率必须要符合（3）的要求,而且还要考虑到发动机功率在海拔不断升高、温度不断上升时会继续降低。

桨盘载荷的设计点可以从双发动机的起飞功率评定(或者是意外情况评定)中得出。由桨盘载荷可以得到桨叶半径:

$$\omega = \frac{W}{A} = \frac{W}{\pi R^2} \tag{7-47}$$

即

$$R = \sqrt{\frac{W}{\pi\omega}} \tag{7-48}$$

在当前的这个例子中,所选择的桨盘载荷是 3 kg/m²(314 N/m²),与之相对应的桨叶半径是 6.4 m。另外还要考虑单发动机的工作能力,在应急情况下单发动机满载无人直升机没有足够的功率在海平面上悬停,但是这个差距非常小,所以能够保证无人直升机在发动机出现故障时仍然能够完成空翻飞行这样的动作,而当无人直升机负载降至 90%满载时,应急情况下的单发动机悬停则刚刚可以实现。到现在为止,只有桨叶的数量还没有确定。根据桨叶半径和总的桨叶面积来推算,桨叶纵横比应该为

$$\frac{R}{c} = \frac{R^2 N}{N_c R} = 4.1 N \tag{7-49}$$

使用三桨叶时,纵横比为 12.3,对于桨尖的三维立体效应来说这个数值较低。而如果是五桨叶的话,纵横比为 20.5,这会引发结构完整性和旋翼毂复杂性方面的问题。因此,自然要选择四桨叶。另外同样重要的是要考虑到振动特性,三桨叶的振动很剧烈,会引发铰链的偏移。而四桨叶的无人直升机桨距角和振动性滚转力矩(频率为 ΩR)也大于五桨叶的情况。这表明即便四桨叶看起来是最好的选择,但其实并不完美。

选择铰链式旋翼还是无铰链式旋翼,其实就是动力学和飞行操控标准的问题。往往使用一个悬停时的桨距角或滚转中的时间常数作为评判标准,这个时间常数意味着桨距角和滚转率达到最终状态的某个百分比(60%或更多)所需要的时间。在实际情况中,从机动性上考虑,期望时间常数尽量小,后来发现,使用偏差 4%的挥舞铰是无法达到这个目标的,除非将旋翼装在一个非常高的旋翼轴上,但这又与可靠性和紧密性背道而驰。无铰链式旋翼可以产生更大的桨毂力矩,相当于 10%甚至更多的挥舞偏移量,这自然是我们想要的。

第8章 **无人直升机飞行性能**

8.1 悬停和垂直飞行

基于叶素理论所推导出的垂直飞行中的拉力和功率的关系见式(4-49)。其中需用功率包括与桨叶升力有关的诱导功率和与桨叶阻力相关的型阻功率。将式(4-49)量纲化:

$$P = k_i(v_C + v_i)T + \frac{1}{8}C_{D_0}\rho A_b v_T^3 \qquad (8-1)$$

基于动量定理推导,写成式(2-28)中的诱导形式,又可以得出:

$$v_C + v = \frac{1}{2}v_C + \sqrt{\left(\frac{1}{2}v_C\right)^2 + \frac{T}{2\rho A}} \qquad (8-2)$$

在型阻功率表达式中,A_b 是整个桨盘的面积,等于 sA,v_T 是桨尖速度,等于 ΩR,该部分与爬升速度 v_C 无关。因此,由式(8-2)可得出,在爬升过程中型阻所消耗的功率与在悬停中是相同的[71]。

如果式(8-1)中拉力的单位是 N,速度的单位是 m/s,面积的单位是 m²,空气密度单位是 kg/m²,则功率单位是 W,或者除以 1 000,表示为 kW。若采用英制度量衡,拉力单位是 lb①,速度单位是 ft/s②,面积单位是 ft²,密度单位是 slug③/ft³,则功率单位是 lb·ft/s,或者除以 550,表示为 HP。

对于性能评估,式(8-1)分别计算了主旋翼及尾桨的需用功率。尾桨功率计算部分不包含 v_C,整个公式中所需拉力用于平衡悬停中主旋翼所产生的扭矩,这就需要对悬停的平衡性进行计算,由下式得出:

$$T \cdot l = Q \qquad (8-3)$$

式中:Q 是主旋翼扭矩;l 是尾桨轴距离主旋翼轴的垂直力臂。尾桨功率占主旋翼功率的 10%～15%,这两项还各需添加桨尖损失和辅助驱动所需的功率,大约占 5%。以上各项合起来组成了给定主旋翼拉力或无人直升机重量的主轴处的需用总功率,记为 P_{req}。可用功率 P_{av} 由发动机数据确定,包括发动机自身功率损耗。在给定周边环境,以及不受地面效应

---

① 1 lb=0.453 592 37 kg;

② 1 ft=0.304 8 m;

③ 1 slug=14.593 904 kg。

影响(Out of Ground Effect,OGE)的条件下,这两项功率的比较决定了无人直升机悬停时的载重。在地面效应作用(In Ground Effect,IGE)下的无人直升机载重能力可由经验公式推导得出,见式(3-66)。通过比较计算 P_{req} 和 P_{av},可得出给定大气条件下和给定重量的无人直升机垂直飞行可上升的最大高度。

为了能够充分理解上升速度对功率变化的影响,引入下式:

$$v_i^2 + v_C \cdot v_i - \frac{T}{2\rho A} = 0 \tag{8-4}$$

通过所得解,诱导(包括 k_i)及上升功率之和为

$$P_{i+c} = T\left(v_C - \frac{k_i v_C}{2} + \frac{k_i}{2}\sqrt{v_C^2 + \frac{2T}{\rho A}}\right) \tag{8-5}$$

以 v_0 表示悬停状态下的诱导速度(给定拉力),得出

$$P_{i+c} = \frac{T}{2}\left[v_C(2-k_i) + k_i\sqrt{v_C^2 + 4v_0^2}\right] \tag{8-6}$$

对两边进行 v_C 偏导可以得出

$$\frac{\partial P_{i+c}}{\partial v_C} = \frac{T}{2}\left[(2-k_i) + \frac{k_i v_C}{\sqrt{v_C^2 + 4v_0^2}}\right] \tag{8-7}$$

因此,用很小的有限量表示可得

$$\frac{\Delta P}{\Delta v_C} = \frac{T}{2}\left[(2-k_i) + \frac{k_i \bar{v_C}}{\sqrt{\bar{v_C}^2 + 4v_0^2}}\right] \tag{8-8}$$

与第 2 章一样,引入上划线算符,用 v_0 进行进一步简化,所得公式表示功率和上升速度之间小增量变化的关系。若该公式反向推导也成立,则给定功率变化值,可得出上升速度的变化,式(8-7)变化为

$$\begin{aligned}
\Delta v_C &= \frac{2\Delta P}{T\left[(2-k_i) + \dfrac{k_i \bar{v_C}}{\sqrt{\bar{v_C}^2 + 4v_0^2}}\right]} \\
&= \frac{\Delta P}{W}\left\{\frac{2}{k_D}\frac{1}{\left[(2-k_i) + \dfrac{k_i \bar{v_C}}{\sqrt{\bar{v_C}^2 + 4v_0^2}}\right]}\right\} \\
&= \frac{\Delta P}{W} \cdot climb\ \text{rate factor}
\end{aligned} \tag{8-9}$$

此处的拉力在平衡状态下,设定为等同于直升机重量。参数用来表示拉力,用以平衡在上升过程中机身载荷的增量。k_i 取 1.15,k_D 取 1.025,式(8-8)以曲线表示,如图 8-1 所示。

随着上升速度的增加,上升速度因数从悬停时接近 2 的值降到无限接近 1。这是因为,当直升机从悬停开始上升,下洗流会产生一个减量,节约的功率有利于发动机可用功率的增加[72]。随着上升速度的增加,下洗流就会减少到一个非常小的量,上述优势便不再存在,盈

余的发动机功率全部用于产生上升速度。在零上升速度和高上升速度(6 000 ft/min)之间,2:1是上升速度因数变化的一个典型值。Stepniewski 和 Keys 建议在两极限间取线性变化。我们在脑海中想象一下,尽管在小速度情况下,无论是上升或下降,和桨盘相关的桨尖涡流的垂直运动都会对功率产生一定的影响,该影响是无法用动量定理反映的,事实上,该影响会在上升初期使消耗功率减小,而在下降初期使消耗功率增加。该方面已由 Prouty 指出,在第 2 章也有所提及。显然,在此情况下,式(8-4)及由此推出的结论将不再适用。

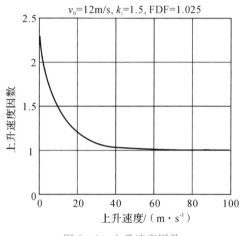

图 8-1 上升速度因数

8.2 水 平 飞 行

功率系数是多个独立项的线性之和,分别是诱导功率(旋翼升力相关)、型阻功率(桨叶部分阻力相关),以及附加功率(机身阻力相关)[73]。该式实际上是一个能量方程,其中每一项都是独立的可识别的能量项,我们由各表达式也可直接计算得出各项的结果。将此式量纲化可得

$$P=k_i v_i T+\frac{1}{8}C_{D0}\rho A_b v_T^3\left[1+k\left(\frac{v}{v_T}\right)^3\right]+\frac{1}{2}\rho v^3 f \qquad (8-10)$$

式中:v_T 为桨尖速度;v 为前飞速度;f 为由式(5-88)定义的机身等效平面面积;诱导速度 v_i 基于动量定理由式(6.3)给出。不过,如果我们假设桨盘倾角非常小,式(6-3)可简化为

$$v_i=\frac{T}{2\rho A}\cdot\frac{1}{\sqrt{v^2+v_i^2}} \qquad (8-11)$$

式(6-3)中 v_Z 与 v_i 相比很小,可忽略不计,v_x 写成 v,式(8-10)的解由下式得出:

$$v_i^2=-\frac{1}{2}v^2+\frac{1}{2}\sqrt{v^4+4\left(\frac{T}{2\rho A}\right)^2} \qquad (8-12)$$

我们还应考虑到尾桨功率和传输及附件消耗的功率,综合以上功率,在 $v=0$ 时约占总功率的 15%(见 7.2 节);在高速时,约占 8%。另外,如果以上结论可用,则所属各项可通过

计算分别得出。在前飞速度大于 5 m/s(10 nmile①/h,甚至更高时,拉力 T 可假设等同于重量 W,此时,型阻不容忽视。图 8-2 给出了以飞行速度为函数的总功率的典型分类。

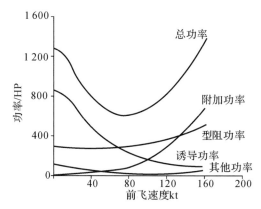

图 8-2　水平前飞状态下的典型功率分类

　　由图 8-2 可以看出,诱导功率在悬停时起主导作用,但在高速度前飞时起的作用却很小。型阻功率随前飞速度呈缓慢增长,直到高速时才有明显上升。附加功率在悬停时等于零,以 v^3 曲线增长,在高速时占主要部分,约为总功率的一半。在多种功率的共同作用下,总功率变化呈"马鞍"状,悬停时高,中速前飞时降至最小,又在高速前飞时迅速升到大于悬停值的水平[74]。因此,在不考虑高速前飞状态时,可得出:直升机在前飞时消耗的功率要小于悬停状态。

　　在进行快速性能计算时,图表是非常有用的辅助手段,如果功率表示为 P/δ,飞机重量表示为 W/δ,其中 δ 为该海拔处的空气密度,我们可用一张功率网格图表示 P/δ 和 W/δ 之间的变化关系,如图 8-3 所示。为方便起见,将网格图分为两部分,分别表示低速和高速部分。当重量、速度和密度已知时,则可由图(8-3)直接读出水平飞行需用的功率。

　　以上是对直升机性能的简要分析。

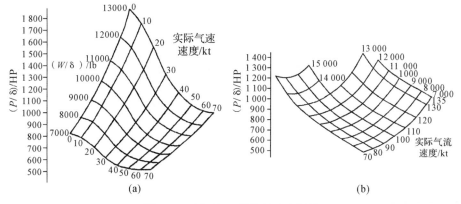

图 8-3　用于快速计算的功率网格
(a)低速;(b)高速

①　1 nmile=1.852 km。

8.3 爬　　升

首先,我们初步假设爬升中的型阻功率和附加功率与水平飞行中的相同,只有诱导功率需重新计算,因为上升过程中被迫产生的下洗流会使部分值 v_i 减小,但需增加上升作用项 Tv_C。总功率系数公式变为

$$C_P = k_i \lambda_i C_T + \frac{1}{2} C_{D0} s(1+k\mu^2) + \frac{1}{2}\rho\mu^3 \frac{f}{A} + \lambda_c C_T \qquad (8-13)$$

我们通常在最小功率-前飞速度的情况下计算爬升性能。在这种情况下,其从水平飞行状态到爬升的变化值可忽略不计,上升速率可表示为

$$v_C = \frac{\Delta P}{T} \qquad (8-14)$$

式(8-14)是一个有效的近似解,但必须有一定的地面限定条件,因为爬升动作增加了机身的俯冲姿态,其附加阻力在一定程度上要高于水平飞行时的附加阻力[75]。同时,由于主旋翼扭矩在上升时有所增加[式(8-12)],所以尾桨功率也必须有一个增量来加以平衡。部分增加的可用功率被用以克服以上增量,因此,上升速率会有所减小,减小量约为30%。最终,阻力的增加会使最佳上升速度减小到低于水平飞行的最小功率-速度值。

对于给定直升机重量,随着海拔的升高,用于上升的可用功率增量逐渐减小,这主要是由于发动机性能参数的衰减。当在最佳上升速度状态下,功率增量耗尽,直升机即达到了该重量条件下上升高度的绝对上限。实际情况[见式(8-13)]下,绝对上限只可能无限接近,通常我们会用直升机上升速率降低到 0.5 m/s(100 ft/min)时的高度来指代绝对上限。直升机重量越大,所有前飞速度下的需用功率就越大,因此,最大上升高度就越小[76]。

由水平飞行功率马鞍形的轨迹,可以定义出飞行中最安全有效的速度,如图 8-4 所示。最小功率速度(A 点)决定了自转情况下的最小下降速率。同样,正如之前章节中讨论的,如果附加阻力随着直升机的上升增长迅速,则直升机最大上升速率的速度取决于更小一些的速度(A'点)。由于更多条件的限制,A 点也决定了最大持续飞行时间或巡航时间的速度。严格来说,持续飞行能力与燃油消耗速率直接相关,燃油消耗速率曲线与轴功率曲线非常相似,但仍存在一定差异,由于考虑到内部发动机的燃油消耗,以上差异可以忽略不计。

由原点引出的直线,与功率轨迹相切于 B 点,则在该速度点,直升机在自转情况下达到了最大滑翔距离。在该点,功率与速度的比值最小,该情况相当于固定翼飞机在最大升阻比情况下的滑行状况。由上一段所述的燃油消耗曲线,也可得知速度 B 为最佳上限速度(理论上,此时以此速度飞行航程最远),但这是在零风速的情况下。当存在一定风速时,根据实际风速情况,从速度轴的相应点向功率轨迹引出切线,相交的 B' 点即是该风速下的最佳上限速度。同理,当在顺风情况下,从速

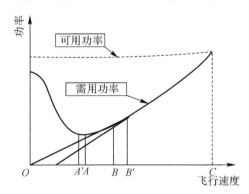

图 8-4　最佳速度和最大速度

度轴的负轴某一点引出切线,得到的最佳上限速度要小于 B。

8.4　最大平飞速度

后行桨叶失速和前进桨叶阻力增加轨迹的包线可能是最大平飞速度的主导影响因素。如果是在有限功率情况下,最大平飞速度取决于主轴处需用功率和可用功率轨迹的交点 (C),如图 8-4 所示。图中,在悬停情况下(无地面效应),假设可用功率大于需用功率,并且几乎不随速度值而变化,只在高速时由于发动机吸入管道的冲压影响而有少许增加。

接近最大速度时,需用功率曲线由于附加功率 v^3 的变化呈大幅增长。并且据粗略估计,附加阻力此时可能已达到诱导阻力、型阻及其他阻力之和,几乎占总阻力大小的一半,且保持不变。因此,在最大速度时,用 P_{PARA} 来表示附加功率,有

$$P_{\text{AV}} = 2P_{\text{PARA}} = \rho v_{\text{MAX}}^3 f \tag{8-15}$$

则

$$v_{\text{MAX}} = \sqrt[3]{\frac{P_{\text{AV}}}{\rho f}} \tag{8-16}$$

给定直升机可用功率为 1 000 kW,平面阻力面积为 1 m²,在海平面密度下,由上述公式推导的最大速度为 93.4 m/s(181 kt)。海拔高度越大,可用功率越小,需用功率可能因此增大或减小。通常来说,可用功率减小必然导致 v_{MAX} 减小。机身重量增加,需用功率增加(由诱导功率 P_i 得出),而可用功率不变,v_{MAX} 同样减小。

8.5　旋翼包线

旋翼桨叶在大迎角和有压缩性影响的高马赫数时的失速界限形成了旋翼的拉力包线。通常,该包线出现在可用功率范围内,其特征如图 8-5 所示。

在悬停状态时,上述状况不随方位角而改变,且桨叶失速限定了旋翼有效拉力的变化。当前飞速度增加时,后行桨叶的最大拉力由于气动压力的减小(尽管随着马赫数的减少,最大升力系数有些许增加)而降低,这就使得可达拉力轨迹贯穿了整个前飞速度范围[77]。由于反向效应,前进桨叶可能达到的最大拉力增加,但由于后行桨叶的限制,上述结论又是不现实的。然而,在更高速时,当前行桨尖马赫数达到 1.0 时,其升力开始受限于激波诱导流分离的影响,导致阻力增加或俯仰力矩发散,并最终限制可达到的最大速度。因此,该包线

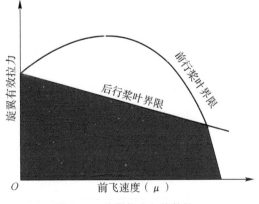

图 8-5　旋翼拉力包线特性

包含了由后行桨叶失速给定的拉力限定条件和由前行桨叶马赫数影响给定的前行速度限定条件[78]。不考虑前行桨叶影响,后行桨叶失速最终会给定一个前行速度最大值,正如图 7-

1 的"8"字形。该包线的计算最好是采用计算机,这样可以考虑到以下诸多因素:复杂参数、不规则的诱导速度分布、升力斜率的可压缩性参数[通常是 $1/\beta$,其中 $\beta = (1 - Ma^2)^{1/2}$,Ma 是桨叶截面处的马赫数],以及桨叶气动失速特性。在 8.10 节中,我们给出了一个该包线如何主导直升机性能的实例。

8.6 精确性能预估

自第二次世界大战之后,无人直升机技术高速发展,扩展计算机能力来计算无人直升机性能已成为一个主要技术[79],其计算结果可能与从简单公式推导出来的结果并没有太大区别,但由于其计算的可行性不依靠于大量不确定的假设,与飞行试验或会议决策比较起来,其在设计定型方面还是非常重要的。因此,当前,很多商业组织和研究中心都配备了计算机技术小组,用于计算主要阶段悬停特性、配平分析、前飞性能、旋翼拉力上下限等性能。

一般来说,性能计算并不是最需要数值方法的地方,旋翼桨叶压力的复杂计算较之更需要。另一个更重要的方面是需要对操纵特性进行量化,例如在一个不利的气动环境下,要对无人直升机飞行行为进行确定。

性能预估领域包含很多子项目,如果要达到最大精确度,不是个别主导,而是需要分别详细评估。例如其中一个子项——附加阻力,这完全是一个外延学科,和固定翼飞机一样,它并不是我们需要考虑的主题,但关于它的理论却可以写满一整本书。为了计算需求,整个阻力需要被分解成易处理的部分,其中包括简化的和非简化的,如机身迎角、表面粗糙度、泄露和冷却空气损失。Hoerner,Keys 和 Wiesler 以及其他作者在这方面编辑、整理了大量的资料,回顾这些资料以及其他相关背景信息,能从中获益颇多。

关于附加阻力,在前人的努力下,我们已得到了一个非常好的估算方法,然而功率计算精度的影响因素取决于诱导和型阻功率[见式(7-12)],以及其他一些因此,如尾桨功率、传输损失和辅助功率。提高诱导和型阻功率估算精度的方法在于要使用实际桨盘诱导速度分布和更精确的桨叶部分升力及阻力特性,包括气动影响。在旋翼方面还需要单独考虑一个问题:那就是要弄清迎角和桨叶旋转时所有相位角条件下从桨根到桨尖变化的马赫数值。这也基本上是计算机核心程序所做的事。在拉力、总桨距和周期桨距及挥舞角的基本公式计算中,经常需要用到迭代计算,直升机旋翼分析的一个主要难题在于每个方程都不能单独求解,需在共同作用下进行计算[80]。例如,先给出拉力值和挥舞系数,相应地就可计算出桨距角、总距和周期桨距,之后便可确定出桨叶角及桨叶各部分马赫数值。由此,对比于最初设定的数值,可将升力整合进总体拉力中。当迭代收敛,需用功率、拉力上下限等便可一一确定。

以上仅简要概述,如果要进行深入研究,则必须要注意到更多的细节。另外,在 Stepniewski 和 Keys 所编写的书中,透彻且完美地阐述了性能预估的整个过程,并且包含了读者们想掌握的复杂计算部分。

8.7 世界速度纪录

在第 7 章,我们讨论了先进旋翼桨叶设计,作为其实际性能的一个反映,在 1986 年 8 月,人们利用韦斯特兰"山猫"直升机研究了其飞行速度,并创下了世界速度纪录。进行这一研究的诱因是"山猫"直升机的一次飞行试验,在该试验中,"山猫"直升机被装上了一种新型桨叶,此桨叶采用了皇家航空研究中心研究的可增强升力的"96"系列翼型设计,在桨尖部分采用的是韦斯特兰公司研究的后掠翼设计,该设计可延迟桨尖失速。这一试验证明了通过增加 35%～40% 的桨叶面积,不仅能改善直升机飞行包线,还能在现有基础上提高其水平飞行速度。

　　上述试验中根据直升机的桨叶各部分的不同速度情况和升力需求,其内部、中部和桨尖部位分别采用了不同的翼型设计。桨尖部位的设计要明显比其他两个部位的薄。整体桨叶采用独特的制造工艺,由单翼梁的玻璃纤维制成。试验中的直升机即标准的"山猫"直升机(通用版本)加装一个滑行起落架,起落架上的突起阻力已被减至最小,同时,采用的流线型设计也减小了旋翼桨毂的阻力。通过喷射水和甲醇混合液,增强了发动机的功率。以上这些措施的目的是保证当飞行包线有较大变化时,飞机功率不会因此有不必要的受限。

　　为了得到更好的飞行速度,试验中又将 15 km 的航迹飞行改为高于萨默塞特水平的地面 150 m 飞行,这也正好处于要求的海拔高度范围内。在此高度下,直升机向两个相反方向飞行的平均速度是 400.83 km/h,相较之前的记录,领先了 33 km/h。同时,该直升机在速度接近其马鞍形轨迹边缘时还有格外突出的上升速率,远超于仪表指示最大范围 20 m/s(4 000 ft/min)。以上都显示了该直升机的优异飞行性能。图 8 - 6 是该直升机在飞行中的照片。

图 8 - 6　前飞中的直升机

8.8　对真正低阻力直升机的思考

　　本节的中心思想主要来自于 M. V. Lowson,关于真正低阻力直升机的思考是非常有意思的,至少我们可以假设,和现有的直升机典型功率相比,最低巡航功率也许可以在未来的真正低阻力直升机上实现。无论是在工业或载客行业,随着飞行距离的提高,我们对节能高效的需求越来越紧迫。燃油消耗的增加将会导致其他运营费用的缩减,这在直升机(当前占主要部分的是维修费用)和固定翼飞机之间各有不同,相比较而言,目前人们更感兴趣的是实现真正低阻力直升机的可能性有多大。

　　由表 8 - 2 可知,在高前飞速度的情况下,考虑到所有的功率组成部分,真正低阻力直升机的实现在于附加阻力大幅减少的可能性。这并不是一个不可能的任务,目前直升机的附加阻力仍是固定翼的 4～6 倍。以一架 4 500 kg(10 000 lb)^①重的直升机为例,将其附加阻力转换成相应的平面面积,见表 8-1。以下为了方便起见,所有的计算都采用英制单位。折合总面积为 14.05 ft²,这比目前可达到的最佳值要稍高一些,不过和 18 000 lb 重的直升机相应面积 19.1 ft² 线性靠近,该数据在 Stepniewski 和 Keys 的典型算例中用到过。

表 8-1　现有直升机和目标直升机阻力数据比较

	现有直升机/ft²	目标 RLD 直升机/ft²
机身	2.74	2.3
机舱	0.80	0.4
尾翼	0.45	0.3
旋翼桨毂	4.29	0.8
起落架	1.55	0
其他	4.22	1.2
合计	14.05	5.0

表 8-1 中所列的 RLD 直升机目标值是通过以下推论得来的。根据标准课本(如 Hoerner 和 Goldstein),基于机头区域阻力系数 0.05 的最小机身阻力,在该例中对应平面面积为 2 ft²,这并不是严格意义上的最低值,因为传统意义上的直升机都有较大的机舱,所以机头面积也会更大,相应地,质量也会比固定翼要重。因此,目标值 2.3 ft² 整体来说还是合理的,且可能更好。机舱和尾部阻力的减少也许在不久的将来就能实现,并且能发挥特殊作用。虽然旋翼桨毂阻力的减小是我们的目标,但是由于表 8-1 中建议的数据是基于机头区域的阻力系数,约为光滑椭球体的两倍,所以即便我们在机头造型及流线设计方面下了很多功夫,也一直未能实现。起落架阻力假设可通过收起或其他的方式忽略不计。在现有直升机的诸多损耗中,大部分是发动机冷却损失,在这一方面,我们可以做很多研究。尾桨桨毂阻力可假定与主旋翼桨毂阻力成正比减少,粗糙和突起损失自然也需降到最低。假设直升机附加阻力最终可实现 64% 的减少量,但这一目标在某些程度上仍然不如同等的固定翼飞机。

上述情况下,附加阻力减少了,则在巡航条件下,型阻功率成为 RLD 总功率的最大组成部分。在现有的情况下,减少型阻的最佳途径可能在于固定翼飞机超临界翼型剖面技术的发展,即在直升机桨尖部位运用该技术,则可延迟压缩阻力上升到更高马赫数,因此,由式(7-45)可得,桨尖速度变大,需用桨叶面积变小,从而型阻减小。在这方面,研究人员已经作了一些改进,在第 7 章讨论的旋翼设计中,桨尖马赫数假定为 0.88,而在固定翼飞机研究中,阻力发散马赫数已高达 0.95。缩短该方面的差距可减少桨叶型阻约 15%。如果我们另外再采用更薄的桨叶剖面设计,在 RLD 直升机上也许可减少 20% 的型阻功率。

减少诱导功率需使用更大的桨盘和更低的桨盘载荷,这就需要桨叶材料和结构技术的长足发展,以满足未来桨叶更大的纵横比。这些都有希望实现,因为现有技术已经能够实现

某些军事环境下的作战需求,例如在高风环境下从舰船上起飞。因此,在巡航状态下,诱导功率大约能减少 10%。对于占较少比例的剩余功率,其减少量,我们也假定为同等比例 10%。

　　表 8 - 2 所列的是由图 8 - 2 中当航速为 160 kt 时得出的巡航功率,表中列出了目前的直升机数据,和根据以上分析得出的 RLD 直升机各数据,并将两者作了比较。RLD 直升机总功率的减少量占现有直升机需用功率的 41%,这一减少量使 RLD 直升机在低空飞行条件下,可以媲美某些特定的小型、固定翼或螺旋桨推进的商用飞机。定性地说,RLD 直升机附加阻力比固定翼飞机稍高,型阻与固定翼飞机相等或稍小(由于固定翼飞机翼面通常要大于其在巡航状态下所需的面积,而直升机桨叶面积可以通过合适的制作,避免不好的马赫效应),诱导阻力在桨盘直径大于固定翼翼展比的情况下比固定翼飞机稍小。尽管直升机在高海拔飞行情况下,跟固定翼相比,其阻力的减少没有确切的值,但是,同等地,固定翼飞机的飞行能力在低速飞行和悬停时就不如直升机了。

表 8 - 2　现有直升机和目标直升机功率数据比较

	现有直升机/HP	RLD 直升机/HP
附加功率	2.74	2.3
型阻功率	0.80	0.4
诱导功率	0.45	0.3
其他功率	4.29	0.8
合计	14.05	5.0

8.9　高海拔飞行训练

　　固定翼飞机在高海拔飞行时比在低海拔飞行更经济,飞行阻力减少,发动机(燃气轮机)效率提升,因此使得巡航速度和航程(单位燃油消耗量的飞行距离)增加。对于固定翼飞机来说,机翼面积基本上取决于地面飞行情况下的失速条件,增加巡航高度可以使失速和巡航条件下的需用面积更好匹配。对于无人直升机来说,桨叶面积由需用巡航速度决定,而需用装机功率由低速飞行状态决定。当海拔高度超过由后行桨叶失速限定的设计高度时,无人直升机旋翼不足以维持该海拔条件下的巡航速度。以下计算完全出于假设,用于说明原则上无人直升机高海拔飞行的可能性。该例中,选择海拔高度为 3 000 m,接近于零增压极限。在此,我们要感谢 R. V. Smith 在该方面所做的工作。

　　沿用之前章节中用的英制单位,以一架较轻的典型直升机为例,它总重 10 000 lb,有着很好的气动外形设计,尽管从传统意义上来说,该架机并没有特别的低阻力,也没有特别先进的桨叶设计。由本章之前介绍的简便方法我们计算出需用功率,发动机燃料流量与现代燃气轮机的输出功率相关,因此,我们计算出比航程(海里每磅燃油):

　　　　比航程(nmile/lb)＝前飞速度(kt)/燃料流量(lb/h)

　　假设飞行包线如 8.7 节中所述,受后行桨叶限制,W/δ 值从 80 kt 的 14 000 lb 降低到

180 kt 的 8 000 1b,其中 δ 是该海拔处的相对密度,结果如图 8-8 中(a)~(d)所示。在海平面(SL)、5 000 ft 和 10 000 ft 海拔高度处,以飞行速度为变量,我们标绘出比航程变化图。在这些交叉的曲线中:a 是飞行包线界限;b 是当地最佳航程速度;c 是功率限制曲线。

可以看到,在图 8-7(a)中,对于现今的直升机,飞行包线限制最大比航程为 0.219 nmile/lb,出现在 5 000 ft 海拔高度和低速(仅 114 kt)的情况下。就只考虑可用功率而言,最佳航程速度可能会达到 10 000 ft,甚至更高。

图 8-7(b)显示了大幅减少附加阻力的影响。假设附加阻力减少到现有飞机的 2/3,尚未达到 7.9 节中设想的目标值。在所有海拔高度下,大幅增加最佳航程速度条件下的比航程是可能的,但是,由飞行包线施加的限制条件是不容忽视的,比航程只允许增加到 0.231 nmile/lb,该情况也发生在约 5 000 ft 海拔高度处和低速(120 kt)情况下。由此可看出,在旋翼拉力没有大幅增加时,减少阻力的好处是十分不明显的。巡航速度比较强调这一缺陷:在不考虑飞行包线限制的情况下,使用最佳航程速度比较,在所有海拔高度下,现有飞机可达到稍高于 150 kt,低阻力飞机较之更高 20 kt。

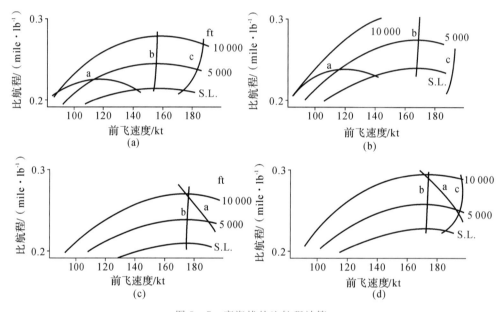

图 8-7 高海拔的比航程计算

在 10 000 ft 海拔高度,低阻力直升机将飞行包线扩大到最佳航程速度处,所需的拉力增量约 70%。假设低阻力直升机可通过增加同等百分比的桨叶面积以获取上述增量的拉力,其性能如图 8-7(c)所示。将重量和型阻功率的燃油消耗也考虑在内,并假设与面积成比例变化,则此时最佳航程速度可高达 9 000 ft 以上,并且在海拔高度为 10 000 ft 及飞行速度为 170 kt 时,比航程几乎与之相同,约 267 nmile/lb;该数值与现有直升机相比,巡航速度增加了 60 kt,比航程增加了 22%。

我们通过采用先进桨叶设计(最佳拱形叶片翼型和韦斯特兰后掠桨尖)来使桨叶面积达到一个较小增量,约 24.5%,以获取拉力的增加,性能比较如图 8-7(d)所示。重量及型阻功率的燃油消耗也相应减少。较之图 8-7(c)中,在相同的巡航速度条件下,比航程可进一步增加到 0.293 nmile/lb,比现有直升机增长 34%。

通过以上计算,我们能看到进一步改善的可行性,甚至达到最大航程也是可能的。我们已试验了采用其他方法来实现这一目标,如减少燃油负载或有效载荷,以降低直升机重量的燃油消耗。在第一种假设条件下,图 8-7(c)中航程减小了,但在图 8-7(d)中,由此获得的收益要大于弥补缩减重量的损耗。表 8-3 总结了上述各配置情况。

表 8-3　各配置性能比较

序号	最佳航程速度/kt	海拔/ft	比航程/(nmile·lb⁻¹)	重量损失/lb	最大航程/(nmile·lb)	
					(1)	(2)
A	114	5 000	0.219		357	357
B	120	4 200	0.231	0		
C	174	10 000	0.267	652	274	458
D	174	10 000	0.293	225	433	503

8.10　舰载训练

无人直升机拥有垂直起飞、降落以及悬停功能,因此,其非常适合在舰船的甲板上进行训练。然而,受甲板的位置、尺寸,舰船随波浪而进行的动作,以及海面上的强风等因素影响,该训练是非常危险的。在舰船上进行训练,无人直升机必须能克服以下限制:

(1)甲板的有限尺寸限制了直升机的动作;

(2)直升机必须能在高强风的条件下进行各项机动;

(3)旋翼下洗流和舰船上的空气流将会互相干扰;

(4)舰船会移动;

(5)飞行员后视和下视的能见度非常受限。

以上因素直接影响直升机的设计和操作。与甲板接触的瞬间是直升机降落最重要的一点,该瞬间并不是什么特别精妙的时刻,飞行员也会积极引导直升机降落。与所有的海军飞机一样,舰载直升机着陆时的垂直速度通常约为陆运直升机的两倍,这就迅速引起了起落架及机身配件的高载荷。因此,起落架支架的动态特性不仅必须能够吸收直升机的下降运动,而且当轴向载荷减小、起落架回弹时,还必须能够提供一个非常高的阻尼。综合以上因素,海军直升机起落架是一个非常复杂的设计装置,并承担重量损失。降落以后,通过甲板锁将直升机机身安全地固定在甲板上。

不同国家的舰载直升机靠近和降落到甲板上的方法是不同的。以下以英国皇家海军为例。需要着重强调的是飞行员缺乏向下及向后的视野。另外,驾驶员座舱为两座设计,从飞机尾部向前看,飞行员坐在右侧。以下为一个典型的降落、起飞示例,如图 8-8 所示。

直升机从舰船的港口方向以 3°的滑翔斜率开始靠近,在机库高度处相对于舰船悬停,且距船体及船上建筑 1.5~2 倍旋翼半径。然后机身平行于机库大门来回移动,直到直升机悬停在舰船的中心处。当舰船处在静止状态时,直升机靠近甲板,旨在实现平稳降落(见图 8-8)。起落架被设计用来吸收直升机的向下运动,并且能够消除任何向上回弹的倾向。如果可能,我们会选定一个反作用力作用在主旋翼上,压住直升机稳稳地停在甲板上,因此我们选用甲板锁,为直升机和舰船之间提供了一个安全的机械链接,主旋翼拉力归零。起落架上装配的轮胎也是通过复杂工艺制作的,因此,直升机可以通过尾桨拉力提供转动力矩,使其在甲板上机动。

飞行甲板四周围绕的气流状况是需要特别关注的。飞行甲板通常安装在舰船的尾部,有机库的船体一边,其上气流状况是典型的锐化边缘分离,即钝头体分离。图 8-9 显示的是水槽试验中观察到的两种流体,这两种流体都适用于模仿垂直于舰船中心线的气流。上方的图仅显示了船体和甲板,气流从上风处的甲板边缘开始分离,到甲板上方和一股向上的空气进入一个循环区域。下方的图显示了增加机库的影响效果,沿着机库门边缘的上风处有一条分离线,在和原始分离线的共同作用下,生成了一个气涡流,该气涡流起源于机库门底角落,覆盖整个甲板区域。

图 8-8 葡萄牙"山猫"直升机降落

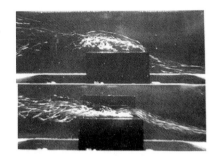

图 8-9 气流穿过船体和船体-机库效果图

如果气流从船首吹来,受机库影响的效果图如图 8-10 所示,该图由计算流体力学(Computational Flud Dynamics,CFD)计算而来。

机库顶分离的气流和最终紧贴甲板表面的气流对整个空气流起主导作用,事实上,气流与甲板的贴合点随着时间的变化而位置不同。而直升机也是在该气流条件下横穿进入甲板的。旋翼下洗流与该气流相互作用的结果如图 8-11 所示。

图 8-10 船首来流的 CFD 效果图(仅舰船)

图 8-11 船首来流的 CFD 效果图(旋翼和舰船)

该气流完全被旋翼下洗流改变了,并随之产生了一些主要特征,如在旋翼前沿和机库门之间有一个非常重要的循环区域,这就是使得直升机舰载训练如此具有挑战性的重要原因。战舰上与船上建筑的气流更加复杂,为了提高隐秘性,船上建筑通常会有很大的变动。

　　图8-12显示的是,当雷达发射两种入射信号,通过使用倾斜的表面,使信号从两个特定方向返回,这将会减少信号被敌方截获的可能性。该技术被广泛应用于现代战斗机设计中。图8-13显示了一架45型驱逐舰,可以看到其船体和船上建筑倾斜面的设计。

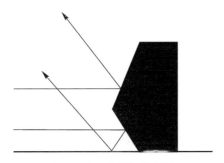

图8-12　舰船加密外形　　　　　　图8-13　HMS无畏者号舰船外形

第9章 无人直升机平衡性、稳定性和操纵性

9.1 平　衡　性

所有直升机的飞行原理都基于空气动力学,惯性力、地心引力以及三条相互垂直坐标轴的相关力矩始终处于平衡状态。在直升机稳定飞行(不旋转)状态下,力的平衡决定着主旋翼的空间位置所在。直升机重心(Center of Gravity,CG)力矩的平衡决定着机身的姿态,当达到该平衡时,称直升机被平衡了。对飞行员而言,平衡直升机可能指的是"手动操纵"或"自动驾驶",对于后者,除净力和净力矩为零外,直升机的操纵力也必须为零[81]。直升机内部操纵机构有特定的计算函数,在本章的结尾将会简要介绍。

在第6章中,为了推导前飞性能公式[式(6-70)],在其近似简化式[式(6-66)]和[式(6-67)]中用到了纵倾方程。这里假设直升机附加阻力独立于机身姿态,或者在规定机身姿态下,向式(6-70)中代入特定的 D_P 值,该 D_P 值由力矩方程式求解得出。该方法适用于大部分的性能计算,这也是为什么在前面的章节中没有进行平衡方面的介绍。对于最精确的性能计算来说,不管怎样,平衡分析是必要的,且在分析过程中力和力矩六大公式可以同时得到解决,或者至少在纵向和横向力的迭代计算中是必要的,正如 Stepniewski 和 Keys 所述。

为了深入研究,必须定义水平安定面和垂直安定面函数,以及直接桨毂力矩特性。

在稳定巡航状态下,水平安定面的功能是提供一个俯仰力矩用以抵消机身产生的力矩,主旋翼需生成的净平衡力矩因此减小[82]。平衡力矩越小,对旋翼可能的疲劳损伤就越小。在瞬变工况下,和固定翼飞机一样,水平安定面的俯仰力矩是稳定的,用以弥补机身甚至主旋翼固有的静态不稳定性。通常采用安装固定水平安定面的方式,尽管这是综合考虑飞行状况(机身姿态)和地域重力唯一可行的方法。

中心垂直安定面具有多种功能,它不仅提供了稳定的偏航力矩,还保证了尾旋翼的结构固定。由于主旋翼和尾旋翼的湍流尾流被机身切断了,中心安定面的工作气动环境恶劣,但是可以通过增加水平安定面上靠近桨尖部分的安定面面积来改善安定面的效力[83]。

当挥舞铰偏离主轴时(正常情况下,旋翼桨叶为3个或多于3个),桨叶上的离心力产生与桨盘倾角成比例的俯仰或滚转力矩(见图9-1),被称为直接旋翼力矩,其作用效果很大。因为尽管力臂很小,但相对于气动力和惯性力,离心力非常之大。在相同桨盘倾角的情况

下,无铰接的旋翼大概会产生 4 倍于铰接旋翼的直接力矩。经过分析,根据其弹性材质,可以将此表达为:铰接式旋翼典型偏移量为翼展的 3%～4%,而无铰式旋翼的有效偏移量是其 4 倍。

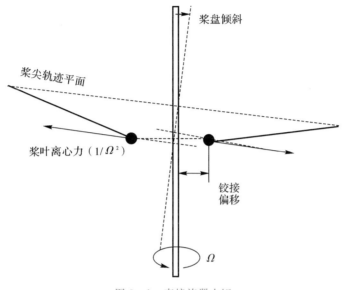

图 9 - 1　直接旋翼力矩

　　众多平衡状态中,在悬停时,当风速为零,旋翼拉力在纵向平面是垂直的,大小等于机身下洗流修正后的直升机重量。当加速离开悬停状态时,旋翼桨盘必须向前倾斜,拉力大小变为等于重力和加速产生的惯性力的向量和,且方向相反。在稳定前飞状态下,桨盘是向前倾斜的,拉力大小等于重力和气动阻力的向量和,且方向相反。

　　给定飞行条件下,机身的俯仰姿态取决于俯仰力矩和重心的平衡。首先,在不考虑直接旋翼力矩或水平安定面和机身力矩的情况下,直升机阻力(通过重心作用)和重力的向量和必须与旋翼拉力在同一直线上。在空间里确定了方向,机身的姿态就取决于重心的位置。根据图 9 - 2(a)(b)可知,在重心靠前的情况下,机身的俯冲姿态要更甚于重心靠后的情况。图 9 - 2(c)显示的是在重心前倾情况下,直接旋翼力矩的作用。在该状态下,旋翼拉力与阻力和重力的合力大小相等,虽不在一条直线上,但相互平行,并产生一个力偶用以平衡其他力矩。在水平安定面和机身的净力矩中也存在相同的情况。给定前倾重心位置,在直接力矩作用下,机身姿态前倾的角度要小于其不考虑直接力矩的情况。重心位置后倾,则结果相反。在高速前飞条件下,为了达到平衡可能会引起机身姿态的过度前倾,需要水平安定面提供足够的恢复力矩。

　　为了平衡侧向力,在悬停状态下,主旋翼拉力向量必须向侧面稍微倾斜,以产生一个分力,用以平衡尾旋翼拉力,结果是悬停姿态向左舷倾斜 2°或 3°(见图 9 - 2)。在侧飞状态下,其倾斜是用以平衡作用在直升机上的侧向阻力,该原理也同样适用于悬停状态遇到侧风情

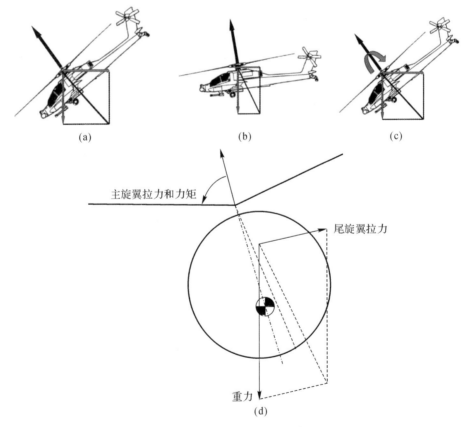

况。在前飞状态下,上述情况同样存在,通过向右产生一个作用于机身的侧向力,在速度为 50 kt 以上时,该侧向力与尾旋翼平横,允许滚转姿态为零。

给定悬停状态,同时侧向力已平衡,直升机重力与尾旋翼拉力合力的投影通常来说不通过主旋翼重心,因此这就会产生一个滚转力偶,需要直接旋翼力矩来平衡。该力矩取决于桨盘轴和主轴的夹角,桨盘轴又取决于力的平衡,机身需要采用一个滚动姿态来加以适应。在通常状况下,侧向拉力分量作用线不易受到尾旋翼拉力的影响,当主轴逐渐向桨盘轴靠近时,尾旋翼拉力会对其有一定作用:直升机悬停,并稍向左滚转。将尾旋翼安装得高一些(接近主旋翼桨毂高度),可以最小化所需的左滚转角度。偏航力矩平衡是通过调节尾旋翼拉力实现的,其作用是通过侧滑及机动中惯性力矩来平衡主旋翼反转力矩和机身气动偏航力矩的综合效应[84]。

给定飞行条件下,力和力矩要达到平衡,直升机必须稳定。一架不稳定的直升机,理论上是达不到平衡的。因为无论是大气的还是机械的轻微干扰,都将会使直升机偏离原始状态。一架不稳定的直升机也是很难达到平衡的,因为尽管平衡操纵部位都存在,但由于过度敏感,使其很难为气动操纵面提供必要的精确的调整。

图 9－2　悬停状态下的侧向倾斜

9.2　稳定性和操纵性

正如固定翼飞机一样,静态稳定性和动态稳定性都有助于提高直升机的飞行品质。静态稳定性指的是直升机位移后,返回它平衡状态的初始能力。动态稳定性考虑到其即时的后续运动,可能包括直进式转身、振动转身、维持现状、振动发散或止回发散运动。前两个对稳定有益,第三个对稳定没有什么影响,后两个对稳定不利(不稳定)。静态的不稳定运动在动态上也是不稳定的,但是静态稳定运动在动态上可能是稳定的,也可能是不稳定的。

稳定性和操纵性是一门非常深奥的学科。旋翼部分的稳定性就极其复杂,因为严格来说,每片桨叶都有其自由度,都会分别对运动造成一定干扰。幸运的是,把旋翼当作一个整体来分析,所得的结果通常还是和实际相符的,同时也有益于做一些其他简单的假设,和固定翼飞机相似,这些假设本质上来源于 Hohenemse 和 Sissingh 的研究成果:

(1)在不稳定飞行中,加速度值非常小,小到可以忽略其对主旋翼的影响,换句话说,主旋翼实际上对速度和角速度的改变起瞬时反应。

(2)主旋翼速度在发动机作用下恒定。

(3)纵向和横向的运动是非耦合的,因此可以单独考虑。严格意义上来说,纵向和横向运动在实际中是耦合的。不过,在基本分析中,我们可以认为它们是非耦合的。以下列举了耦合不可忽视的几个例子:

1)滚转机动;

2)前飞诱导桨盘横向倾斜;

3)尾旋翼拉力。

以上例子中均有交叉耦合的情况出现,并且对飞行员操纵有重要影响。

给定这些重要假设,直升机稳定性和操纵性的数学计算从学术上来讲就不那么繁重了,但也几乎没省略多少工作,所以实际上,主要还是依靠计算机来获取计算结果。本章主要展开对前述三项的描述,并给出所涉及的运动物理特性。通常来说,对于直升机的稳定性、静态或动态不可能有绝对度量,因为飞行品质取决于固有稳定度、操纵和自动稳定的相互作用。同时,稳定性还必须配合所执行的任务来进行评估。

9.3　静态稳定性

考虑所有干扰形式的最初反应特性时,纵向和横向运动可分开考虑。旋翼对力和力矩的干扰来源于两种形式:旋翼拉力矢量大小的改变和与桨盘倾斜相关的矢量倾角的改变。该倾角由桨叶挥舞运动定义。挥舞运动高度依赖于铰接偏移量及桨叶刹车数量——有效旋翼控制功率。通过应用周期桨距,可在旋翼桨毂处产生一个力矩,以诱导桨叶挥舞,旋翼桨盘倾角也由该挥舞运动定义[85]。

9.3.1　迎角干扰

强加一个向上速度(如突然刮起一阵狂风)会引起所有桨叶迎角的增加,同时增加整体拉力的大小。离开悬停状态时,由于桨叶前行边和后行边相对空气速度的不同,产生一个挥舞运动,因此使得桨盘上扬。由于旋翼中心位于飞机重心的上方,由倾角改变而引起的俯仰力矩正处在桨盘上扬的状态,这是十分不稳定的,并且其不稳定性会随着前飞速度的增加而增加。另外,拉力自身大小的改变也产生了一个力矩,该力矩的影响效果取决于相对于旋翼中心的直升机重心位置。在实际应用中,拉力矢量通常经过后倾重心之前或前倾重心之后,因此拉力大小的增加会加剧后倾重心飞机的不稳定性,而对于前倾重心飞机却可以相对缓和。所以,对于一架重心后倾的飞机,在高速前飞状态下,关于迎角的纵向静态稳定性是递减的。这也同样反映了在相同飞行状态下,其动态稳定性是递减的。这里必须注意的是,以上讨论都是相对于刚性桨叶来说的[86]。随着现代复合材料桨叶的出现,对其惯性、弹性和气动载荷分布的合理开发,使得调整桨叶的空气弹性变形特性成为可能,并可以缓解上述直升机的内在不稳定特性。

关于其他影响静态稳定性的因素,机身通常是减稳的,这是所有流线型三维物体的特性。铰接偏移和有效刚度划分,这些同样加剧了迎角的不稳定性。水平安定面有益于增强稳定性,图9-3展示了迎角静态稳定性影响因素。水平安定面弥补了机身内在的不稳定,因此,旋翼成了稳定性的决定因素。铰接旋翼刚性作用通常和拉力矢量倾斜力矩相似,无铰接旋翼的刚性作用(见9.5节)相较而言要更大一些。该作用值通常被记为$M\alpha$,不过,该作用值通常和垂直速度扰动有关,所以在本章中,我们会经常用到M_w。

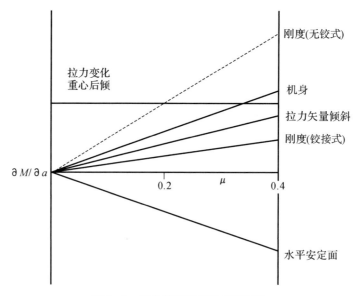

图9-3 迎角静态稳定性影响因素

9.3.2 前飞速度干扰

前飞速度的增加引起挥舞运动,结果导致桨盘上扬。前飞速度每增加10 m/s,桨盘上扬的角度约增加1°,该角度变化与飞行速度无关。此时,拉力矢量向后倾斜,由桨盘上扬所产生的俯仰力矩提供,产生一个向后制动的分力,因此直升机可实现关于前飞速度的静态稳定。该特性也出现在悬停状态,但却不利于其动态稳定(见 9.4.2 节)。速度增加引起机身阻力上升,在直升机拥有一定的初始前飞速度时,该特性更有利于直升机的速度增稳,但不适用于悬停状态。

9.3.3　角速度(桨距或滚转速率)干扰

角速度的干扰比较复杂,简要地说,挥舞转轴的回转力矩产生了一个定向的挥舞响应,由此引起的桨盘倾斜产生了一个反向于角向运动的力矩。因此旋翼在俯仰和滚转时都会有一定的阻尼。桨盘上由于非均匀迎角产生的力矩会导致交叉耦合现象[87],该力矩是桨距变化产生的滚转力矩,反之亦然。

9.3.4　侧滑干扰

在侧滑干扰中,旋翼"看见"一股速度不变的风,但是风向却来自四面八方。导致的结果是,最大挥舞方向随着侧滑角度的改变而循环变化,引起旋翼相对风速侧面倾斜。因此产生一个滚转力矩,反向于侧滑方向,类似于固定翼飞机的转角动作。另外,侧滑引起尾旋翼桨叶迎角发生变化,此时尾旋翼起到的作用类似于垂直安定面,确保"风向标"稳定。

9.3.5　偏航干扰

偏航干扰引起尾旋翼迎角发生变化,在直升机自身安定面的基础上,尾旋翼会产生一个安定阻尼效应[88]。总体来说,由于上行气流分离和尾迹影响,飞机基本航向稳定性越来越差。

9.3.6　结论

直升机纵向静态稳定特性与固定翼飞机非常不同,并且也更加复杂,而横向特性却比较相似,尽管其力和力矩的产生方式有所不同。

9.4　动态稳定性

9.4.1　动态稳定分析

Bramwell 依照固定翼飞机给出了直升机动态稳定分析的数学计算方法。利用风向坐标系,且 X 轴平行于飞行轨迹,稳定性导数完全无量纲化[89]。在这里,经典数学方程还是很有用的,因为经典数学是基本,同时又能突出展现直升机与固定翼飞机之间的区别。其中,最值得注意的一点是,对于固定翼飞机,稳定性四次方程可分解成为两个二次方程,其运动可用简单物理解释;而对于直升机,就没有那么简单了,求根过程非常复杂。

从工业角度对直升机进行分析,采用的是完全不同的方法。该分析基于直升机本身的坐标系,原点位于重心,X 轴保持机身方向向前,不随飞行方向和气流方向变化。关于小扰动的经典线性方程在此条件下依然适用,其中的必要因素——初始速度沿着机身轴方向的分量,复杂性较低。在各自坐标系下分别计算出的主旋翼、尾旋翼、机身以及固定尾翼面的合力及合力矩,其表达式是气流参数、操纵角以及挥舞系数的函数,且由于自变量的不同而不相同。在早期,计算机技术已经能够解决多项式的计算,然而要实现运用多种技术进行方程计算,计算机硬件和软件还需提高到一定的程度。相比较于固定翼飞机,导数的完全无量纲化对于直升机不是那么适用,首选方案是将直升机力和力矩的导数标准化,分别用直升机重力和惯性力矩表示,这意味着线加速度和角加速度也相应标准化了。这些标准化表达式通常被称为简明导数。

9.4.2　特殊悬停实例

在悬停飞行状态,对非耦合纵向及横向运动进一步分解,纵向运动分解为一个非耦合的垂直速度模式和一个前飞速度与俯仰姿态耦合的振荡模式。类似地,横向运动也分解为一个非耦合的偏航模式和一个横向速度与滚转姿态耦合的振荡模式。上述两种耦合模式都是动态不稳定的。直升机纵向振荡的物理特性如图 9 - 4 所示。

假设悬停直升机将要以低速前飞,如图 9 - 4(a)所示。该运动将会使直升机受到轻微水平阵风影响,增加桨叶挥舞运动,桨叶挥舞则会使桨盘上扬,最终产生一个向上的俯仰力矩,这些在 9.3.2 节中已说明过(有一个重要的条件即是直升机上无有效阻力)。该俯仰力矩会进一步促进直升机姿态上扬,向后倾斜的拉力又反向于前飞运动,最终会阻止直升机的前行,如图 9 - 4(b)所示。此时桨盘相对于旋翼轴倾斜,旋翼力矩因此减小到零。然后直升机开始向后摇摆运动,桨盘向前倾斜,施加一个向下的力矩,如图 9 - 4(c)所示。该力矩进一步促进直升机姿态向下,并最终阻止直升机向后运动,如图 9 - 4(d)所示。在拉力前倾的影响下,直升机又开始加速前行,回到一开始的状态[见图 9 - 4(a)]。数学分析及实例证明,该运动是动态不稳定的,如果直升机要离开它自身本来的状态,那么随着运动,振幅会稳步增加。

上述纵向发散模式及其横向对应模式,即直升机悬停动力学的基本问题,尽管这两者都是低频运动,甚至允许一定程度的不稳定,但该问题仍需要飞行员时刻注意。直升机在保持该状态的情况下,实现"自动"悬停是不可能的,除非向直升机提供适当程度的人工稳定。

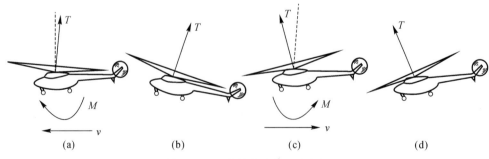

图 9 - 4　悬停纵向动态不稳定性

9.5　无铰式旋翼

无铰式旋翼挥舞运动类似于铰接式旋翼,两种旋翼力和挥舞导数相差无几。然而铰接式旋翼的桨毂力矩是无铰式旋翼的数倍,所以正如之前所说的,相较于 $3\%\sim4\%$ 偏移量的铰接式旋翼,无铰式旋翼的有效偏移量需达到 $12\%\sim16\%$,甚至更高。这就需要增加桨叶刚度,刚度增量会对直升机纵向静态稳定性造成不利影响:特殊情况下,直升机高速状态的俯仰不稳定性可能会更为严峻(见图 9-3)。直升机重心位置前倾会缓解上述影响,但是在实际中,直升机的重心位置取决于其任务剖面。还可以从水平安定面的设计入手,不仅其尺寸对稳定性有直接影响,而且其相对机身的安装角度也对俯仰力矩平衡有一定影响,同时该设计还可以被用于最小化操纵飞行包线上关键部分的桨毂力矩[90]。不管怎样,高速飞行的典型特征就是稳定性逐渐衰退。

9.6　操　纵　性

直升机性能的操纵特性与操纵输入有关,该操纵输入控制着直升机从某一飞行状态变到另一种飞行状态。该操纵输入通过提供旋翼桨叶的桨距角来产生适量的力和力矩。在主旋翼上,该桨距角由倾角 θ_0 和纵向及横向周期桨距角 B_1 和 A_1 组成。B_1 和 A_1 在第 4 章中已有所介绍。通常意义上,尾旋翼只有总矩发生变化,该总矩取决于偏航力矩平衡所需的拉力。

如 9.3 节所述,当直升机桨距以一定比率变化时,旋翼桨叶会受到一个回转力,该回转力与桨距变化比率成正比。直升机上扬旋转会引起前行边桨叶载荷下降,导致旋翼桨盘向下倾斜。此时,拉力矢量相对飞机重心的偏移量以及直接旋翼力矩,同时反向于直升机旋转方向,该现象称为阻尼效应或稳定化特征。对于相应滚转比率变化的回转效应也有与此类似的分析。

对操纵性能进行评估通常有两种方式,一种是通过操纵功率,另一种是通过操纵灵敏度。操纵功率指的是由给定操纵输入产生的功率,是力矩-操纵输入曲线的斜率。用直升机惯性力矩将其标准化,则可用原始加速度产生的周期性操纵杆的单位位移来对其加以衡量。操纵灵敏度使我们认识到操纵功率与合运动阻尼之间相关关系的重要性——它反映了在时间上操纵输入响应的最大斜率,该斜率可以表达为操纵杆单位位移的角速度。高操纵灵敏度意味着,操纵功率相对于阻尼较大,因此在阻尼力矩使运动稳定之前,角速度即达到一个比较大的值。

无铰式旋翼大的有效偏移量既增加了操纵功率,又增大了固有阻尼,结果使时间常量缩短了,同时操纵输入响应也更清晰了。直升机悬停时和低速前飞时的基本飞行特性通常都是由此改善的,因为对于飞行员来说,响应越迅速,对于克服 9.4.2 节中所述的振荡运动就越有效。无铰式旋翼利用高操纵功率来操纵直升机的能力指出了传递力矩和力的一个更好的方法,但振动传输也因此更好了。

　　Bramwell通过比较不同操纵输入的典型结论,给出了直升机响应的数学解释。他总结为:当直升机以0.3的前进比水平前飞时,由于纵向周期桨距(B_1)突然增加,所产生的法向加速度如图9-5所示。可以看到,和铰接式旋翼相比,无铰接旋翼的响应速度更快,而且缺乏水平安定面的方程是发散的。安装水平安定面会降低响应速率,同时在图中的两种情况下,3 s或4 s后,水平安定面表现出了其稳定性作用。

　　悬停时的滚转响应是另外一个非常重要的飞行品质,特别是在接近地面机动时。在一个合适的例子中,Bramwell展示了无铰式直升机在1 s的时间内达到了恒定滚转速率,而铰接式直升机则用了3 s或4 s的时间。对于这两种直升机来说,给定周期桨距,则最终的滚转速率是相同的,因为该两种直升机的操纵功率和滚转阻尼相差甚微。

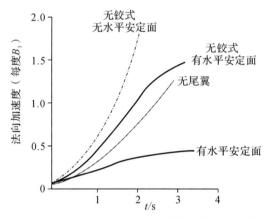

图 9-5　响应于 B_1 的旋翼计算(基于 Bramwell)

　　旋翼响应特性可以用一个单独的无量纲的参数表示,刚度 S 定义为

$$S = \frac{(\lambda_\beta^2 - 1)}{n} \tag{9-1}$$

　　式(9-11)表达了桨叶气动挥舞运动的弹性比率,λ_β 是桨叶挥舞频率,与桨叶偏移百分比 e 相关(当桨叶偏移量为零时其值为1.0),即

$$\lambda_\beta^2 = 1 + \frac{3e}{2} \tag{9-2}$$

　　因此,当偏移量为4%时,λ_β 值为1.03。对于无铰式旋翼,λ_β 值的变化在1.09~1.15之间。在式(9-1)中,n 是标准惯量。图9-6显示了以刚度为函数的某些基本旋翼特性,依次观察图中四部分,可得出以下结论:

　　(1)到目前为止,旋翼仅使用惯性/刚性平面的相对限制部分。

　　(2)悬停直升机的固定旋翼单位周期桨距所产生的桨盘总倾角,无论是铰接旋翼还是"更柔软的"无铰式旋翼,实际上是相同的。

　　(3)关于周期桨距和桨叶挥舞之间的相位滞后问题,对于零铰接偏移的铰接旋翼(倾斜旋翼),滞后相位角是标准的90°,该滞后相位角随着偏移量的增大而减小,对于无铰式旋翼,该角度减小15°~20°。

　　(4)对于铰接式旋翼,刚度较低时,飞机重力力矩的主分量很可能是由拉力矢量倾斜产

生的。对于无铰式旋翼,力矩主要是由刚度产生的;其高桨毂力矩可以给直升机机动很好的操控,但是,为了尽可能地限制桨毂载荷波动以及输入振动,还需要在稳定飞行时将其最小化。

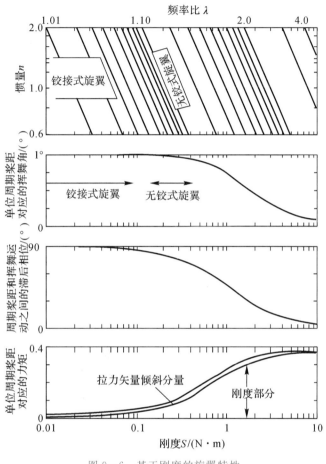

图 9-6　基于刚度的旋翼特性

9.7　自动稳定

为了使直升机具有操作可行性,通常通过使用自动控制系统来改善直升机在稳定性和操纵性方面的缺陷。该系统十分复杂,能够提供增稳、长期数据存储自动驾驶功能、自动机动等。其复杂性以及任务失败的存活能力需求,当然也包括直升机的基本特性,都取决于该直升机的使命任务。

自动稳定是对直升机最平常状态的一种响应,在该状态下,基本稳定性是不足的,而操纵功率是充足的。直升机基本上是可飞行的,但是在缺乏自动稳定装置的情况下,就需要飞行员不停地进行修正操作,该过程易引起疲劳,同时在某些情况(如依赖仪表飞行)下是比较危险的。修正操作是利用一些有效操纵功率,产生与给定运动变量成比例的力矩,以修正直升机的飞行。自动信号是叠加在飞行员人工输入之上的,不直接影响飞行员输入,且没有信号反馈回操纵装置,飞行员仅仅可感受到改变了的飞行特性。

以前,自动稳定系统利用与旋翼成整体的机械装置,典型的有 Bell 平衡杆和 Lockheed 操纵回转仪。或者利用机电设备,如通过直升机运动传感器获取直升机姿态或速率信号。电气或电子系统相较上述更加灵活,功能也相对更多。如姿态保持系统,该系统能使直升机始终保持在命令姿态,即便是处在干扰环境中,如受到阵风影响。自然地,通过这种方式,稳定性增加得越强,就需要飞行员更多地注意操纵功率的增长。通过驾驶员直接操控姿态基准面,直升机通常可达到平衡。稳定性增量的需求程度和总体有效操纵功率决定了该特殊系统的设计。

直升机稳定性及操纵品质是一门非常复杂的学科,本章仅仅为读者提供了一个入门介绍。如果要了解更为详细的知识,可参考该方面的专业书籍。

参 考 文 献

[1] 褚双双. 直升机数值风洞仿真试验评估系统数据库技术与应用软件集成研究[D]. 南京:南京航空航天大学,2010.

[2] 杨华保. 飞机原理与构造[M]. 2版. 西安:西北工业大学出版社,2015.

[3] 刘秀明,王世杰,欧阳自远. 大气圈和水圈物质组成的演化及其对表生地质作用的制约 [J]. 第四纪研究,2002,22(6):568-577.

[4] 张静影. GNSS对流层延迟预测及台风期间水汽时空特征分析[D]. 南昌:东华理工大学,2020.

[5] 欧阳向京,陈树新. 临近空间通信平台及其军事应用[J]. 火力与指挥控制,2012,37 (2):163-166.

[6] 高尚. 磁流变抛光液固液两相流动效应一致性研究[D]. 北京:北京交通大学,2020.

[7] 甘丽华. 熔体纺丝组件中流体流动特性的研究[D]. 天津:天津工业大学,2016.

[8] 王顺章. 四旋翼无人机集群协同飞行原理验证系统研制[D]. 南京:南京航空航天大学,2020.

[9] 潘文全. 工程流体力学[M]. 北京:清华大学出版社,1988.

[10] 弗留盖. 张量分析与连续介质力学[M]. 白铮,译. 北京:中国建筑工业出版社,1980.

[11] 徐丽,张开军,吴泉军. 基于高阶和高效格式的悬停旋翼可压缩无粘绕流的计算[J]. 计算力学学报,2015,32(4):523-529.

[12] 张卫国,李国强,宋奎辉,等. 旋翼翼型高速风洞动态试验装置研制[J]. 工程设计学报,2022,29(4):500-509.

[13] 汪勇,刘明磊,宋劼,等. 一种直升机/发动机系统最经济旋翼转速综合优化方法[J]. 推进技术,2022,43(1):70-77.

[14] 郭婕. 四旋翼无人机系统设计与实现[D]. 杭州:浙江理工大学,2021.

[15] 高超,贾娅娅,刘庆宽. 相对厚度对翼型气动特性的影响研究[J]. 工程力学,2020,37 (增刊):380-386.

[16] 刘睿,白俊强,邱亚松,等. 内吹式襟翼几何参数影响研究与优化设计[J]. 西北工业大学学报,2020,38(1):58-67.

[17] 廖鹏,姚磊江,白国栋,等. 基于深度学习的混合翼型前缘压力分布预测[J]. 航空动力学报,2019,34(8):1751-1758.

[18] 唐敏,唐正飞,吴浩东. 旋翼反扭矩系统结构参数对其气动特性的影响分析[J]. 直升机技术,2013(2):15-19.

[19] 管清宇. 横列式刚性旋翼直升机飞行动力学与飞行控制研究[D]. 南京:南京航空航天大学,2012.

[20] 王畅. 微型旋翼气动特性分析方法与实验研究[D]. 南京:南京航空航天大学,2010.

[21] 仲唯贵,黄建萍,张义涛.全机风洞试验在倾转旋翼机发展中的作用[J].直升机技术,2022(3):32 - 37.

[22] 王亮权,何龙,徐国华,等.直升机旋翼涡环状态的气动噪声特性[J].空气动力学学报,2022,40(6):83 - 91.

[23] 王慧平.跨音速多管流旋成体气阀设计及控制方法研究[D].西安:西安工业大学,2021.

[24] 李海.涵道共轴双旋翼无人机总体设计及气动特性研究[D].西安:中国科学院大学,2021.

[25] 王军杰,俞志明,陈仁良,等.倾转四旋翼飞行器垂直飞行状态气动特性[J].航空动力学报,2021,36(2):249 - 263.

[26] 赵鹏越.火星直升机旋翼系统悬停升阻特性研究[D].哈尔滨:哈尔滨工业大学,2020.

[27] 强红宾,薛大鹏,冯新宇,等.基于无量纲化辨识雅可比矩阵选取测量位姿的 Stewart 并联机构运动学标定[J].光学精密工程,2020,28(7):1546 - 1557.

[28] 冯旭碧,朱清华,雷良,等.摆线桨悬停状态气动特性及参数优化[J].南京航空航天大学学报,2020,52(2):311 - 317.

[29] 胡健平,徐国华,史勇杰,等.基于 CFD - DEM 耦合数值模拟的全尺寸直升机沙盲形成机理[J].航空学报,2020,41(3):159 - 173.

[30] 黄明其,兰波,何龙.旋翼模型垂直下降状态气动特性风洞试验[J].哈尔滨工业大学学报,2019,51(4):131 - 137.

[31] 李永洲,孙迪,王仁华,等.非均匀来流的马赫数可控内收缩进气道设计[J].航空学报,2023,44(12):127857.

[32] 张青竹,张德平.桨叶负扭转对旋翼性能影响的研究[J].科学技术创新,2022(23):11 - 14.

[33] 曹涵.侧向风作用下微型旋翼气动特性分析及实验研究[D].哈尔滨:哈尔滨工业大学,2021.

[34] 朱凯杰.共轴双旋翼式火星飞行器主旋翼系统设计与试验研究[D].哈尔滨:哈尔滨工业大学,2021.

[35] 赵鹏越.火星直升机旋翼系统悬停升阻特性研究[D].哈尔滨:哈尔滨工业大学,2020.

[36] 刘杰,卞新宇,倪寿勇,等.飞行载具扇叶驱动展开机构的扭矩与气动仿真研究[J].液压与气动,2020(10):107 - 112.

[37] 杨婷婷.火星无人机梯形桨叶空气动力学特性分析及实验研究[D].哈尔滨:哈尔滨工业大学,2018.

[38] 曾伟,林永峰,黄水林,等.共轴刚性旋翼非定常气动特性初步试验研究[J].直升机技术,2017(1):13 - 17.

[39] 刘兵,何国球,蒋小松,等.椭圆形路径载荷下的微动疲劳失效特征[J].材料科学与工

艺,2011,19(3):97-101.

[40] 蔡伟.基于松弛自由尾迹方法的旋翼性能计算和优化[D].南京:南京航空航天大学,2009.

[41] 刘海.小型无人直升机飞行控制中的动力规划技术研究与设计[D].广州:华南理工大学,2017.

[42] 陈艳红,李建伟.主桨叶损伤容限疲劳试验件提前失效改进[J].中国科技信息,2022(18):43-46.

[43] 张璜炜,向光伟,吕彬彬.高精度六分量微量滚转力矩气浮天平研制[J].实验流体力学,2022,36:1-6.

[44] 冯小庭,王航,史骏.挥舞旋转运动薄板磁弹性振动分析[J].机械制造与自动化,2020,49(3):134-137.

[45] 刘畅,王润宇,杨萌.无人倾转旋翼机飞行动力学建模及操纵技术[J].直升机技术,2022(3):6-9.

[46] 裴诗源,陈仁良,王洛烽.旋翼转速变化对直升机操纵品质影响分析[J].飞行力学,2022,40(1):48-53.

[47] 时志能.轴流转桨式机组桨叶抽动及供油泵频繁启停浅析[J].水电站机电技术,2020,43(3):27-28.

[48] 王超,王跃钢,李宁.哥氏加速度对火箭橇试验的影响分析[J].中国惯性技术学报,2010,18(3):378-381

[49] 袁铭扬,徐佳伟,曾宏伟,等.刚性/柔性桨叶作用的湍流液液分散体系的液滴尺寸与分布[J].高校化学工程学报,2022,36(3):371-379.

[50] 张勇,张铁军,胡旻.直升机桨叶托架的柔性支撑设计[J].科技创新与应用,2022,12(2):108-111

[51] 吴晨,余杨,余建星,等.基于脉冲动量理论的 Savonius 型水轮机性能预测[J].太阳能学报,2021,42(10):399-407.

[52] 陈皓,蔡汝铭.平流层飞艇气动外形优化设计:螺旋桨的影响[J].计算物理,2020,37(5):562-570.

[53] 张恒,王仁智,蔡佑林,等.喷射流浸没深度对喷水推进尾迹场的影响分析[J].船舶,2022,33(3):20-27.

[54] 王燕,程杰,贾安,等.基于本征正交分解的水平轴风力机非定常尾迹特性分析[J].农业工程学报,2022,38(7):69-77.

[55] 白亚澍.基于椭圆涡环单元的旋翼动态尾迹模型研究[D].南京:南京航空航天大学,2019.

[56] 杨志强,周灵玲,马阔.直升机自转下滑特性探究[J].中国战略新兴产业,2018(24):177.

[57] 王适存,徐直.旋翼气动载荷的简化求法[J].航空学报,1982(2):1-17.

[58] 胡臣杰,张军.基于时空等待特征系数的大型活动出行规划研究[J].交通运输系统工

程与信息,2021,21(4):148-155.

[59] 韩晓耀. 基于叶素动量理论的大力矩叶片设计与研究[D].天津:河北工业大学,2020.

[60] 杨永飞,林永峰,樊枫,等.共轴刚性旋翼流场测量试验研究[J].南京航空航天大学学报,2019,51(2):178-186.

[61] 薛立鹏. 倾转旋翼机气动/动力学多学科设计优化研究[D].南京:南京航空航天大学,2011.

[62] 倪先平.直升机技术的研究与发展[J].科学中国人,1997(增刊):27-31.

[63] 高义中.直升机桨叶的非线性颤振分析[J].力学学报,1981(4):372-386.

[64] 钟德辉,曾建华,李明.直升机机载三轴速率陀螺校准技术研究[J].测控技术,2021,40(3):24-27.

[65] 何漠. 小型无人直升机移动平台自主降落控制方法[D].哈尔滨:哈尔滨工业大学,2020.

[66] 张爱强. 非惯性系下直升机主减速器高精度动力学建模及动态行为机理研究[D].重庆:重庆大学,2020.

[67] 尹涛. 一种新型桨尖驱动旋翼操控特性研究[D].南京:南京航空航天大学,2020.

[68] 吴东旭. 共轴双旋翼飞行器姿态控制研究[D].沈阳:沈阳理工大学,2020.

[69] 王东升. 无人倾转旋翼机全模式控制律设计及组合导航算法研究[D].南京:南京航空航天大学,2019.

[70] 蒋玲莉,印道轩,李学军,等.直升机尾传轴系相对位置变化下啮合力分析[J].振动.测试与诊断,2018,38(5):1030-1036.

[71] 凌爱民.直升机耦合动力学设计对减摆器性能和布局的要求[J].直升机技术,2010(3):1-6.

[72] 许兆棠.传动比对直升机尾传动系统扭转振动影响的分析[J].工程力学,2009,26(12):249-256.

[73] 陈永禄,姚海忠,李太平,等.直升机 N_R 包线拓展飞行试验方法研究[J].科学技术与工程,2015,15(7):111-114.

[74] 刘星亮,徐国华,史勇杰.旋翼布局对共轴刚性旋翼直升机气动特性影响研究[J].飞行力学,2022,40(1):41-47.

[75] 刘泽宇,程兴国. 高速直升机的研究进程与未来发展趋势[C]//第九届中国航空学会青年科技论坛论文集.珠海:中航出版传媒有限责任公司,2020:89-99.

[76] 田圣尧. 主动变后掠桨尖旋翼动力学设计分析研究[D].南京:南京航空航天大学.

[77] 肖中云,郭永恒,张露,等.直升机 CFD 仿真现状与发展趋势分析[J].空气动力学学报,2021,39(4):14-25.

[78] 赵洪. 基于飞行品质的无人旋翼飞行器总体多学科设计优化研究[D].南京:南京航空航天大学,2018.

[79] 倪同兵. 旋翼(尾桨)气动噪声的主/被动抑制方法及机理研究[D].南京:南京航空航

天大学,2018.

[80] 陈涛,井云鹏.传感器在直-9直升机上的应用和发展[J].电子技术与软件工程,2014(18):127-129.

[81] 梁鹏.直升机尾部升力面组合设计方法研究[D].南京:南京航空航天大学,2012.

[82] 刘通,戴玉婷,洪冠新.变化风场中直升机阵风载荷分析[J].哈尔滨工业大学学报,2016,48(2):173-178.

[83] 蒋相闻.直升机气动/雷达隐身特性综合优化设计及应用[D].南京:南京航空航天大学,2016.

[84] 侯斌,孙智,朱俐宇,等.不同俯仰角对直升机水上迫降特性的影响[J].振动.测试与诊断,2022,42(2):388-393.

[85] 陈玲.旋翼型无人直升机非线性飞行动力学模型与实验研究[J].现代雷达,2022,44(1):15-20.

[86] 雍和,傅春啸,屈天祥,等.基于混合优化算法的直升机旋翼转速优化控制[J].机械与电子,2022,40(5):66-71.

[87] 曾伟,袁明川,樊枫,等.直升机旋翼翼型需求分析及技术发展展望[J].空气动力学学报,2021,39(06):61-69.

[88] 邓景辉.舰艉流时/频特征对直升机飞行特性影响研究[J].西北工业大学学报,2021,39(5):1087-1096.

[89] 龙海斌,吴裕平.直升机机身大角度气动特性计算与试验相关性研究[J].飞行力学,2020,38(4):22-27.